晨型人

江华 / 编著

MORNING TYPE

民主与建设出版社

· 北京 ·

© 民主与建设出版社，2021

图书在版编目（CIP）数据

晨型人 / 江华编著. --北京：民主与建设出版社，
2021.1
ISBN 978-7-5139-3362-9

Ⅰ.①晨… Ⅱ.①江… Ⅲ.①人生哲学 – 通俗读物
Ⅳ.①B821-49

中国版本图书馆CIP数据核字（2021）第026875号

晨型人
CHENXINGREN

编　著	江　华		责任编辑	李保华
出版发行	民主与建设出版社有限责任公司			
电　话	（010）59417747　59419778			
社　址	北京市海淀区西三环中路10号望海楼E座7层			
邮　编	100142			
印　刷	三河市金轩印务有限公司			
版　次	2021年1月第1版	印　次	2022年10月第1次印刷	
开　本	710mm×1000mm　　1/16	印　张	12	
字　数	200千字	书　号	ISBN 978-7-5139-3362-9	
定　价	49.80元			

注：如有印、装质量问题，请与出版社联系。

战术篇——如何成为早起的鸟儿 / 075

国外名人篇——与朝阳同行，与成功共舞 / 115

国内名人篇——早起三光，晚起三慌张 / 157

The 1st Chapter

梦想篇

——早起的鸟儿有虫吃

晚睡晚起的你就像只猴子，何不成为"晨型人"？

　　战国时，宋国有个养猴人，名叫狙公，他养了许多猴子与自己朝夕相伴，不久之后，他竟然学会了和猴子讲话。狙公每天早晚都会给猴子四颗栗子，可是几年之后，猴子越繁衍越多，狙公的经济不充裕了，所以他就想把每天的八颗栗子变成七颗。于是狙公就问猴子："从今天开始，我每天早上给你们三颗栗子，晚上给你们四颗栗子，你们说好不好啊？"

　　猴子一听，纷纷叫嚷起来，到处跳来跳去，表示不满，为什么早上会少一个呢？

　　狙公又问："那我每天早上给你们四颗栗子，晚上三颗，你们说好不好？"

　　群猴一听，早上还是四颗，于是转怒为喜。

　　这就是朝三暮四的故事。细想下，晚睡晚起的你又何尝不像只猴子呢？

　　下班回到家里，有个名叫"帕金森摇摆者"的控偶师扯着挂在你头上的线绳，左右不停地抖手，一边是操控你去睡觉然后早起，一边是操控你去玩个"痛快"赖着不起。

　　你不断地催眠自己，"我很累，我需要抓紧时间放松一下"，于是，"帕金森摇摆者"在你强大的意念下，居然手抽筋了，手停在"抓紧时间放松一下上"，不再动弹。

　　时光这个"帕金森摇摆者"给了你两个选项，它的选项和狙公给猴子分栗子如出一辙，而不巧的是，很多人都和猴子一样。试想下，忙碌一天后的你和睡醒的你哪个办事效率高？答案是不言而喻的。你以为晚睡是占了时光的便宜，其实却在效率和质量上吃了亏。

随着时代的发展和变迁，越来越多的工作者不断地催眠自己，选择占时光便宜，很晚才睡觉，这些人被称作"夜型人"。但是最近几年，在很多国家的大城市中出现了一种新新人类，名叫"晨型人"。他们为了在忙碌的生活和工作中保留快乐，坚持晚上早早睡觉，早晨四五点就起床。

这两种概念的提出者是日本"早起身心医学研究所"的所长税所弘。经过多年的研究，他提出，能够正常休息六个小时的人都是很健康的，不管是夜型人还是晨型人，能够睡够六个小时都可以。但是二者对于时间的利用是存在巨大差异的，因为人最清醒的时候是五六点刚睡醒的时候，所以无形中，晨型人就会比夜型人每天多出将近两个小时的高效时间，这也恰恰是打开一个人成功大门的关键所在。

税所弘将自己的研究成果写在了书中，一经发表就引起了广泛的关注。他关于阐释晨型人概念的书多达十多本，包括《晨型人的成功哲学》《一百天内成为晨型人的方法》《给晨型人的建议》《晨型人的生活革命》等。这些书籍不仅风靡了日本，在世界范围内也十分畅销。

自古我们就有很多关于早起的谚语，什么"早睡早起身体好""早起的鸟儿有虫吃""一日之计在于晨"，但是这些我们耳熟能详的浅显道理却很少有人能够做到。大部分人一听到要早起就眉头紧皱，一旦闹铃响起，也只是关上它，翻个身继续酣睡，甚至连一点儿愧疚感都没有。其实想要早起是件很容易办到的事情，与你斗争的其实只是你的思想。

养成早起的习惯比戒烟戒酒要容易得多，你只需要调整下自己的生物钟。科学表明，如果你能坚持三到五天早起，那么你就可以掌握早起这个技能；如果你是一个想要成功的人，一个在心理上战胜懒惰的人，一旦你掌握了这个技能并且加以有效使用，那么你离成功就只有一步之遥。

很多人拿自己和那些成功人士比较时，总是会找到一些诸如"他是天才"之类的借口，来填补自己内心的失落，却不知道，那些成功人士可能只是比你会利用时间而已。

被誉为"小飞侠"的科比在被记者问到为什么成功时，他反问道："你知道洛杉矶早晨四点的样子吗？"原来，他长期坚持早晨四点起床练球，而且每天要投进一千个球才罢休。

世界知名的玫琳凯公司中很多业务员都是妈妈级的，但是仍然被冠以"销售之王"的称号，对于让这些妈妈们既处理家务又能出色地完成销售任务的问题，玫琳凯说："每天早晨五点是一天的开始，要养成早睡早起的习惯，赶在太阳爬起来之前做好计划，合理利用清晨安静祥和的气氛。"

现今，已有越来越多的人逃出了"夜型人"的思维怪圈，看透了"狙公"的把戏，不再被早上三个栗子的谎言所欺骗，成为"晨型人"。正如亚里士多德所说的："在天亮之前起床是个好习惯，将有助于你的健康、财富和智慧。"合理利用时间会为你开启一扇成功的大门，所以你准备好"脱猴而出"，成为一个"晨型人"了吗？

你与梦想只差早起

人生匆匆，珍惜清晨的时光是最好的开始。放空大脑，抽离生活中的支离碎片，听着窗外"啾啾"的鸟叫声，望见露抟繁花次第开，这是多么美妙的体验。

哪怕昨日还在为前程忧心忡忡，清晨也会翻开新的一页。在晨跑中反思人生、制订计划，你会遭到"赖床党"的嘲讽，觉得你简直是没事找事，而这恰恰是人生成败的关键。每天比别人努力一点儿，就比别人多收获一点儿，你就会走在别人的前面。

早起，是迷茫困惑中不倒的信念和希望，使你修成经雨而放的秋菊。还记得你高三的时候，因为成绩差而在一片漆黑中坐在沙发上哭得涕泗横流，家人过来安慰你，告诉你他们一直都会支持你的时候，你心里暗暗发誓一定要好好努力，做一个有出息的人，让所有爱你的人不要担心的誓言吗？

今天的你是怎么了，每天睡到自然醒，起来磨磨蹭蹭地洗漱完就到了吃午饭的时候了，然后再去睡个午觉，下午去图书馆看几个小时的书便心安理得了，至于晚上，去不去全看自己的心情。窝在床上追剧或者和人闲扯，再不行通宵玩游戏，这也都是常事。明明知道这样是不好的，可为什么就不能克服自己的懒惰呢？最终你还是一边这样讨厌着自己，一边继续苟且着过日子，就像坠入了无边无际的梦魇，想挣扎着从这样的日子里走出来，又敌不过懒惰。

问问自己，这是你想要的吗，这是你想要的生活吗？

你也许曾经质疑自己，为什么别人可以金光闪闪，而你却不行，你到底缺了什么？努力？天赋？还是运气和背景？

　　然后你又会往前追溯，回想起更早的时候，老师问你为什么成绩下滑严重，你老老实实回答：因为你起不来。甚至还振振有词：我也想起来，可就是起不来，能有什么办法？你还记得老师眼盯着你，一字一句地反驳你，这个世界上永远不存在你想做却做不到的事，如果连早起你都做不到，你还有什么资格谈理想？

　　请再问自己一遍，你配金光闪闪吗？这是一个极其现实所以也极其公平的世界，无非就是拿你拥有的，换你所没有的，你拥有的越多，你可以换取的也就越多。想想看，你拥有什么呢？活了二三十年，竟然悲哀地发现，这么多年，除了懒惰，你一无坚持。

　　终有一天，医生会把你叫到医院，告诉你你的家人生病了，需要手术，而你翻翻裤兜，只能哭着说自己一无所有；有一天你喜欢的球队要比赛了，赛场就在你家门口，可是你买不起票，只能站在球场外听着别人的呐喊声；再有一天，你的偶像要开演唱会了，你查了查银行卡的余额，只能叹着气在网上搜现场视频。

　　你明明白白地知道，父母的职业不好，要风吹日晒，要冒着很大的危险，很辛苦，却还要每天看着别人的脸色换回工资，养家糊口；你也明明知道有的人就站在你背后，等着看你失败的笑话，你还是选择做一个鸵鸟吗？

　　人生应当有目标，或大或小总归要有，即使沾染了世俗的烟火。那样我们的人生才有出彩的可能。就像威廉·福克纳笔下的《两个士兵》里的彼得为了找到哥哥，九岁的小小年纪就一个人奔孟菲斯，闯军营，有勇气、有内心的憧憬与希望，无畏沿途艰险。他的历险故事便是一段人生的风景。而威廉·福克纳自己一生笔耕不辍，有多少个别人还在梦中的早晨他就已经伏案灯前。而小彼得或许就是他自己的一个影子。诗魂梦萦梅花雪夜颜愈俏，凤凰图腾飞燕五更舞尤旋。从古到今，从中到外，没有人能随随便便地成功。

　　你要为你的理想所做的其实并不多。你只需要克服的是你脑子里总是跑出来占上风的那些你自以为是的小聪明，和你总是为了安慰自己找的蹩脚的理由，还有你的懒惰。于自己而言，自己不是窈窕俏佳人，亦非富贵清闲子弟，人生之路，荆棘遍地，昏晦如注，而每天坚持早起，就是不肯屈服的信念，是人生花开红锦绣的第一步，尤其是在岁寒霜冷的早晨。

早起是你不想落于人后的必然选择

时间管理在向早晨延伸，早起不再是个别行动，已经在很多国家蔚为风潮。与传统的时间管理注重效率、希望在短时间内完成工作或者是有效运用时间不同，晨型人更注重的是利用上班之前的时间，为自己的人生开拓更多的可能性。这个在日本兴起的概念，主要的内涵是：你的未来，由早晨决定。所以不同的晨型人有不同的生活选择。

有人早起锻炼身体。

冬日天刚亮，尽管温度很低，孙中山纪念广场还是被各种早起团体所占据。广场中央奏响了轻快的音乐，人群使劲地舞动着；不远处还有一群人在打太极，一招一式很有样子。广场上不只有大爷大妈，还有很多青年工薪族，也不乏总裁等企业高管。奥图码亚洲区总经理郭特利就是其中一员，他穿着无袖褐色背心练习跆拳道，跑三千米，他说："不要觉得辛苦，英雄是打出来的，功夫是练出来的。"他认为，天天早起锻炼身体与坚毅的性格，是他成功的最重要原因。

有人早起锻炼意志力。

韩国前总统李明博在就任首尔市长的时候，面对记者的采访，他表示每天清晨都会四点半起床，运动一小时，阅读一小时，而且从不间断。他说："早起可以让我更坚强。"这位种过田、当过建筑工人、市场清洁工、韩国现代建设 CEO 的总统，正是用早起来锻炼自己的意志力，也用惊人的耐力，使韩国经济一路飙升，直逼世界第七大经济体。

有人早起追求养生。

台塑集团创办人王永庆将早起的思想融入了骨子中，不管刮风下雨，他总是很早起床。他是早场球赛的爱好者，早上五点多，准时去打高尔夫球。在他的影响下，总裁王瑞华也每天早上六点起床，花二十多分钟在跑步机上，然后打一套太极拳，日复一日，他的身材变得十分协调。他说："根据研究，有运动和多吃蔬菜果实的人，平均寿命比不运动、不注重饮食养生的，要多十四年，所以我一定要坚持下去。"

有人早起感悟人生，挥洒兴致。

年近花甲的绘画大师蒋勋，曾连续八年的夏天在法国巴黎画画，他总是抓住夏日短暂的时光，在灵感之下亢奋地作画，他觉得，到了六十岁，生命一个周期就完成了，能够在早晨领悟人生，让生命不只是对短暂青春的眷恋，他说："每一个清晨，从黎明日出的微光看花，静坐在花前，像参悟生命的来日方长，是岁月的老花，是头发的花白，但是也是生命灿烂之花。"所有的灵感，都来自早起时对生命的敬畏，他认为，早上六点到九点是黄金时间，可以排除任何干扰，九点之后的时光就可以随心所欲了。

有人早起联络关系，维护友谊。

现任汇宏顾问董事长的扬子江，号召政大金融人早起聚会。每周日，他们就沿着政大校园的山路走上一圈，互相聊聊天谈谈生意，这种习惯已经持续了近十年，而且不分晴雨，其中包含了会计师、财富管理师、银行家、地产商、媒体编辑等各类行业人士。

其实，造成"晨型人"深层次的原因出现在生活中。越来越多的上班族发现，即使是午休时间，忙得连吃饭都无法放松，有时候需要和同事客户以吃饭来维持人脉，根本没空做自己想做的事。再碰上加班、应酬，回到家里疲惫不堪，有孩子的父母还要陪会儿小孩，如果孩子很小，还要忍受烦人的哭声。有的人也想利用下班后的时间来充实自己，可是太累了，精神根本没法集中，学习效果也不好。这就是"晨型人"异军突起的重要原因。

不只是个人将早晨看作打开未来之门的钥匙，各类企业也把早晨看作扩大销售曾长的新引擎。麦当劳速食延长为二十四小时后，据估测，五年来营业额累计增长 25%，早餐销售也由原来的六点提前到了四点。台湾拉亚汉堡在早餐连锁行业中异军突起，总经理徐和森说："早餐市场规模越来越大了，现在将近有一千亿市场，还都是现金支付！"新兴的"早起商机"对那些勤奋的企业来说绝对是一大利好。

事实证明，全世界健康意识在继续高涨，我们的社会正在由"夜型社会"逐渐向"晨型社会"转变，据日本《日经商业周刊》分析，日本社会的工作趋势正朝二十四小时胪利迈进，而且随着早起的人越来越多，未来将可能逐渐地将加班到深夜的族群连成一线。而据日本教育部的《急停意识调查》显示，习惯早起的家庭，孩子的学习力明显更加杰出。

当所有人在用早晨时光提升自己的时候，那个躺在床上酣睡的你，难道不心慌吗？早起，已经不是可有可无的生活习惯，而是不想落于人后的你的必然选择。

早起，让我想要成为更好的人

　　早起的晨型人，可以在上班之前跑个五公里，也可以看完一本篇幅不长的书，还可以完成其他事情，让自己想要成为一个更好的人。

　　人们都说形成一个习惯要二十一天，其实最多七天，你就可以办到。但是在这七天中，你不要有任何的懈怠和偷懒的念头，要克服最开始的头痛、困乏和不适的感觉，适度午休并且晚上早点儿睡觉。当身体形成了习惯，便不需要再刻意地去强制执行了。这和健身一个道理，也和世界万物演化的方法论相同，强迫自己克服不适，调整生活，最后形成惯性。

　　也就是说，你只需要七天的时间，就可以掌握这个技能。曾经，我也不是个晨型人，上学的时候，即使六点起床，也感到很困，一上午都恹恹欲睡。后来想着，反正很困，何不睡饱了再起床，至少还能保证学习效率。随后的几年，看过的各种励志文章中，要求早起的励志故事早已抛之脑后，"早起这件事"就被耽搁了下来。

　　比之别人，因为"心安理得"，所以我睡得更加踏实，常常是宿舍最后一个起床的。闲暇时间，尤爱睡觉，前段时间要去学车，不得已早晨五点就得起床。刚开始时苦不堪言，头痛难当，可是连续五点起床一周之后，这个习惯竟然"惊悚"地养成了。

　　每天洗漱完毕，我会坐在桌前，写一天的计划，庄重的仪式感让我更富有乐趣，也更有决心去实现它。心中还不断地提醒自己"五点起床我都做到了，还有什么做不到呢？"列好之后，如果是昨天没有完成的任务，今天可以顺势弥补；如果没有，则可以怀着憧憬，开始美丽的一天。

早起跑步比下班之后去健身房更加舒心。夜晚路上人多车杂，晨跑就比较好了。早起之后，五点多，天还是黛青色的，路上也会有和你一样的零零星星的晨跑者，也有起床遛狗的大叔，还有赶早市的阿姨；在街心广场，你能看到打太极的老爷爷；在路边，你能看到练摊儿的人在准备材料。一切都是静谧的，嘈杂的一天还没开始，整个城市都会露出最初的温柔，让晨跑的你心生爱怜，让你对生活更加热爱。

如今虽然因为早起丧失了睡懒觉的乐趣，但是当我在清晨中走过月季花凝水初绽的花圃，看见一两只鸟儿相伴飞舞，整个城市悄悄地苏醒，人们怀着理想发出每一个响动，都预示着新的希望。一瞬间，生命仿佛都掀开了新的一页，原来还有这么多事情可以做，还有这么多事等着我去完成。

因为心境的变化，早起读的东西都更加积极了，最近散文爱看董桥，他有一套不薄却很轻的小书，单看书名便很喜欢，有《今朝风日好》《青玉案》《从前》《白描》。董桥运用文字的能力绝佳，比如他写路过一个国外人家小巧精致的庭院，叹道："看，这满园的契诃夫！"皆是一般人想不到的意趣。每每掩卷，便像走过了一条淙淙山流，即使在白天拥堵无比的马路上，心里也还留着他文字里春色满园、静致窈窕的美好。有时也读汪曾祺，看着他颇有趣味地写花草植物、写日用饮食，只觉得那种闲趣文字后，必然是对生活饱满真挚的热爱。

对于学生来说，如果有艰巨的学习任务，早起更是能够争取高效的关键时光。很多人建议好好利用晚上八点到十二点的时光，可当你真正工作后就会知道，这是很难的。亲朋好友的电话、工作上的事情、微信消息……种种的事情会来叨扰你，手机响动让你去推杯换盏是常有之事。所以干脆丢掉这个习惯，建立早起的习惯吧，免得以后更加痛苦。

实话说，工作之后，白天的生活常常让人觉得劳累和疲惫。繁杂得让人疲于应付的人际交往、漫长拥堵的道路。但是，一切的艰难，都会在你养成早起习惯后消失。路上不会有车拥堵，公交车上也不会有人挤你。之前跑步读书酝酿的好心情会伴随你一天。当你真正成为一个晨型人时，你就会感觉到，出门前能学点儿东西是件多么美好的事情。

　　因为早起比熬夜更让我愉悦、平和，尤其是在看着远方由青灰色变成玫瑰粉的天空时，我比白天的任何时候都感觉充满了希望。成长的这些年里惯有的着急与慌乱、怨声与焦躁，逐渐地被稀释和淡化了。早起，真的会让你想要成为一个更好的人。

早上叫醒我们的不是闹钟，是梦想

即使是再平常不过的人，也会拥有自己的梦想，而且都渴望实现自己的梦想。不管是大是小，梦想总能给人以无限的力量。但如果你只是空想，那么梦想只能是海市蜃楼，会耗尽你的所有精力。

梦想就像一颗小小的种子，需要你用心灵的雨露来浇灌，才能结出美好的花。它是人生的指路标，是人心中的明灯。当你想着未来的时候，就会清楚地感觉到，早上叫醒你的并不是嘈杂的闹铃，而是你的梦想。

杰弗里·波蒂洛读小学的时候，因为考试成绩好，老师送给他一本世界地图。他兴冲冲地回到家里看，那天正好由他为家人烧洗澡水，他看地图正看得出神，被印着埃及金字塔、尼罗河、万里长城的世界地图吸引住了，他暗暗发誓，一定要去埃及，一定要去看金字塔。

正在这时，他的父亲发现火熄灭了，十分生气，不分青红皂白地给了他两个耳光。然后怒斥他："我保证！你这辈子不可能去那么远的地方！赶快生火。"

当时杰弗里·波蒂洛伤心地看着父亲，心想他怎么能这么无情，但他更坚定了去埃及的信念。当他二十岁的时候，终于踏上了去埃及的路途。朋友问他为什么如此执着，他说："因为我的生命需要被证明。"

最终，杰弗里·波蒂洛坐在金字塔前面的台阶上，在买来的明信片上给父亲写信，他写道："亲爱的爸爸，我现在就在埃及金字塔前面，你还记得小时候打我的两个耳光吗？你说我不可能去那么远的地方，但是我去了，我证明了自己。"

美国第二十八任总统威尔逊说："我们因为梦想而伟大，所有的成功者都是大梦想家：在冬夜的火堆旁，在阴天的雨雾中，梦想着未来。有些人让梦想悄然灭绝，有些人却细心培育、维护，直到它安然度过困境，迎来光明和希望，而光明和希望总是降临在那些真心相信梦想一定会成真的人身上。"

没有梦想，人生就如同荒漠般没有生机；没有梦想，人生就如同黑夜般没有光明；没有梦想，人生就会没有方向。

美国犹他州有一个名叫比尔·科利亚的中学教师，一次他给学生布置了一道作业，让他们写一篇关于自己未来理想的作文。

一个名叫蒙笛·罗布特的孩子兴冲冲地写了整整半夜，一共写了七大张纸，详尽地描述了自己的梦想。他想拥有一个占地两百英亩的牧马场，他不但在作文中写了牧马场中的具体设施，还画了房屋建筑和室内平面设计图。

然而，比尔却在他作业的右下角打了个大大的"F"，这意味着作业很差，他还让蒙笛去找他一趟。

蒙笛很疑惑，为什么自己认真做的作业却得到了这样的评价。

比尔很认真地告诉蒙笛："我承认你这份作业做得很认真，但是你的理想与现实差距太大了，不太切合实际。要知道你父亲只是一个驯马师，连固定的家都没有，经常搬家，根本就没有什么资本。要拥有一个牧马场，所要投入的金钱是很大的，你能有那么多的钱吗？"他最后还要求蒙笛重新做一份作业，让他把目标定得现实一些。

蒙笛伤心地拿回了作业，去询问父亲。父亲告诉他："孩子，你自己拿主意吧，说不定，你们老师说的是对的。"

蒙笛最后的决定是不重做，他保留了那份"差劲"的作业，在他的成长路上，这份作业一直激励着他前进。当比尔最后带着三十名学生踏进蒙笛占地两百英亩的牧马场，登上面积达四千平方米的建筑场时，他就流下了忏悔的泪水，他对蒙笛说："我现在才意识到，原来我当老师时，就像一个偷梦的小偷，断绝了很多孩子的梦，但是你的坚韧和勇气，使你一直没有放弃自己的梦！"他常常用这个例子鼓励以后的学生，要向蒙笛学习。

有梦想才有期望，有期望才有拼搏和激情，当你时时刻刻记着自己的梦，利用好每一个早晨，看亏、学习，你会发现，早上叫醒你的不是闹钟，而是梦想，你正在向着它，一步一步前进。

晨型人更易成功

科学表明，人类从基因上就决定了在早上要比晚上更有活力。海德堡大学生物学博士克里斯多夫·伦德勒的实验更显示，晨型人比夜型人更具有前瞻性，在职业生涯中更容易获得成功。

克里斯多夫·伦德勒说："每当谈成一笔生意的时候，早晨型的人总是胜券在握，一切都在自己的掌握之中。我早期的研究显示，早晨型的人在学校更有可能获得优异的成绩，因此他们可以进更好的大学，毕业后，职业生涯几乎一帆风顺。不但如此，早晨型的人还能够提前预知问题并努力尝试去解决它们，比别人有着先发制人、先行一步的能力。"

大部分人习惯在白天一边喝着茶，一边做出决策。但仍有人愿意整天无精打采，但是一到深夜，整个人突然精神焕发，异常兴奋，就像吃了药似的。虽然两种方式都可以完成任务，但是从进化的角度上看，我们白天可以敏锐地感觉到时刻面临的危险，所以做出的决策更有预见性。

一家快速成长的维生素瓶装水企业的创始人克里斯多夫·科尔里，他对早晨做决策就情有独钟，他说："每天早晨是做决策最好的时候，因为人在那个时候总是很乐观，所以不会因艰难的决策感觉痛苦，而且早上九点之前，做事一般都不会出错，所以你会对一天有很好的憧憬。每天到下班之前，总是有很多事情让你烦恼，可是经过一晚上的睡眠，一切都烟消云散了。起一个大早，你又会信心满满，又可以大干一场了。"

早起被视为活力和热情的标志，而夜行却暗示着懒惰和游手好闲。你能想象大卫·卡梅隆不是在早晨跑步时获得灵感，而是在晚上才鬼鬼祟祟地从床上爬起来工作，然后晚上十点多钟锻炼的样子？或者是奥巴马在八九点洗漱完，然后去跑步？"晨型人"的基因天赋，比之"夜型人"的更受到人们的青睐，也更容易获得别人的赞赏。

在伦敦商业中心，很多重要的会议都会选在市场开放前举行。而现在一些学校用各种方法迫使在校学生早起的同时，他们生活中的欢乐时光集中在了晚上，越来越向夜型人靠近。大部分青少年成了夜猫子。当他们踏入工作阶段，所有的习惯都要改变，夜猫子也必须要向晨型人靠近，如果他们想要取得一些成就，在商业中心潇洒地活着的话。

早晨和夜晚就像我们大脑的左右两边，一边代表分析能力，另一边代表创造能力，我们需要将二者结合起来使用，处理问题，推动我们生活和事业的发展。

我经常看到很多职场人士，他们在论坛、贴吧中大谈生活之无聊、工作之无聊，他们几乎在抱怨所有的事情，对生活失去了希望。

其实，在拥有时间这件事情上，每天，全世界的人都是公平的，没人能多得到一个小时，也没人会少掉一分钟。难耐与不难耐的，其实不是时间，而是我们对待它的态度，我们所持有的心情。君不见天才如乔布斯，勤奋如乔布斯，至死遗憾的是，上帝没有多给他一点儿时间。也只有时间是这个世界上，我们唯一可以公平拥有的资源。当它到达我们手中时，区别是，有人善用了它，让它产生了巨大的价值；有人却没有，如我开篇叙述般，不懂珍惜，不懂利用，轻易将之挥霍掉了。

把闹钟调早五分钟，梳个漂亮的头，穿双自己喜欢的袜子，喷上淡雅或者浓烈的香水，带上神采奕奕的表情，展开开机就要能进行作业的专业与技能，掌握好拥有前瞻性思维的早晨，去追求自己的未来吧。

走在时间的前面

一首《时间都去哪儿了》让很多人感慨，感觉时间不够用，总有事情没做完，时间已经没有了。其实，时间就是在漫无目的地东奔西走中丢失的。规划生活、工作并不是什么难事，凡是能够克己，对时间掌控精准的人，总会有超于别人的收获。

如果想要不留太多遗憾，走在时间前面是一个好办法。早起一个小时，把表调快五分钟，生活或许就会大不相同。看看表，接下来要做的事情都了然于胸。当你获得那些沉甸甸的收获，都会为自己走在时间前面而赞叹，这有种先知的意味，让你更有成就感。

小区的门卫老人很受人尊重。每天早上五点，小区的门准时开启，晚上二十三点准时关闭。偶尔回家晚了，都要麻烦老人开门，每次他都是乐呵呵的，很通情达理。一次因为临时有事儿忘记带手机，到了小区门口才发现。情急之下去门卫问老人时间，他说："我表的时间是十点整，你的应该是九点五十五分。"我当时一愣神，明白了老人准时的秘诀。把时间调快五分钟，尽职尽责地跑在时间前面。所以即使生活出了些小意外，都可以从容应对。

对于文字爱好者来说，时间意味着一段段的文字，时间掌握得好，就会比别人多写上那么几笔。如果把文字写在时间前面，就能够见证历史、奇迹的发生。小到预测天气、股市，大到预测战争、兴亡。作为一个不愿被摆布的文字爱好者，总是想把文字写在时间前面，这很困难，但是如果早起，将生活的时间早于别人，却很容易做到。

我把"一寸光阴一寸金，寸金难买寸光阴"这句谚语贴在了卧室墙上，正是要告诫自己，时间太重要了，浪费时间就等于浪费生命，珍惜时间就等于珍惜生命。生命是重要的，时间也是重要的，当走在时间前面，生命才会更加精彩。

走在时间前面不是说你真的成了先知，而是说，你把不是这个时间要做的，放在这个时间来做。比如高中的时候，我的英语是全班最好的，这是因为我在初中的时候，已经用课余时间接受了培训。事实上，这就是走在时间前面。当别人考试前需要复习包括英语的所有课程时，而我却省力很多，所以次次能考第一名。我看到有个名人写道：人们都说我聪明，其实我是用别人喝咖啡的时间来工作的。对所有人而言，智力上的差距不是很大，人与人之间没有谁特别聪明，谁特别愚蠢，大家都是平等的。比起海伦·凯勒、贝多芬，身体健全的我们更有理由珍惜时间。

时间是公平的，每人每天二十四小时，而时间的价值却不相同。我的邻居是靠贩卖蔬菜为生，每天凌晨两点出发到蔬菜基地批菜，几十里往返到了市区的菜市场是早上四点，等到把批发的菜卖完已经早上六七点了。这时候，别人家里的早饭都摆在桌子上了，他才回到家里。他的时间的含金量和我是不同的，我用时间换钱是按月计算，而邻居是按小时计算。他三五天的收入就比我要多很多。我们在单位时间的付出与收获是公平的，温室内的写作与寒冬酷暑中的奔波，差距就在艰辛。但如果我能把时间刻度内的文字提升到更高的高度，那就要另当别论了。

在动笔写历史性书籍的时候，之前需要参阅大量史学巨著；当动笔写文学作品时，之前需要览遍文学经典。提高文字高度需要在写作之前做大量的功课，但如果你在很早之前已经完成了这些工作，行动时就会更快捷、更有见解。早起的意义就在这里，每天你凭空比别人多出了几个小时，利用好这段时间，你所做的所有事情，都是在给未来"备料"，当未来来临的时候，你已经走在了它的前面，走在了时间的前面。

人生是用时间作为刻度的，每次"嘀嗒"，都表示了时间的流逝。在这一声"嘀嗒"中，生命绚烂地绽放，每个人赋予时间感情的差异，决定了人生的

绚烂程度。万物都有自己的计划，而作为高级生物的我们，不应该单单是听着
"嘀嗒"声，被动地等待生命的终结，而要做一个晨型人，走在时间前面，享
受人生的乐趣。

早起会让你增值

早起会让你增值，为了说服你，我们不妨先用逻辑推理一下，以验证结论的准确性。

富有的人都有大量可自由支配的时间，不管是旅游还是散步，这总是没错的。事实上，是因为他们富有才拥有这样的权利，所以，他们是用金钱买了时间，而用钱买时间的前提是要有钱。有钱的前提是你要有价值。让自己有价值的前提是你要花时间提升自我。所以，如果你早起，多出时间来提升自己，就会让你不断地增值，让你变成一个富有的人。

你现在知道了吧，早起原来可以帮助我们实现人生的最高境界。然而现在有种说法：早起毁一天。其实这也可以理解。大家都知道早起是有好处的，所以都决定试一试。然而坚持早起几天之后，发现虽然自己可以勉强很早起床，挣脱了被窝的束缚，但是整个上午甚至一天都感觉精神状态很差，工作效率也低了不少。再加上不少文章都在说，人们可以根据生活习惯，找到适合自己的生物钟。于是，他们心安理得地不再早起，得出了"早起毁一天"的结论。

毕竟是自己的生活自己做主，晚睡晚起也没什么不好的，你大可以这样去做。但如果你算一笔时间账，恐怕你就不会这么做了。前段时间我在练车，同时也在学英语。一般来说，练习一圈需要十分钟，白天一般是三个人轮流练习，几辆车排着队，所以算下来，练一圈要四十分钟左右，如果练习五圈的话，基本上小半天就过去了。

练习英语呢，大概需要三个多小时，固定项目完成的话，也基本上是小半天。所以如果我要在一天中同时做这两件事的话，基本上一天就是在上午练车、中午吃饭、下午练习英语这种模式下度过了。那么你究竟获得了什么呢？追求效率的我当然不会继续木讷下去。于是决定早起点儿，看看是否有效果。

结果，因为我去驾校很早，没有什么人和我抢车，我自己练了个尽兴，才不到一个小时。九点半，我坐在案头，练习起了英语，直到中午，我把所有的事情都处理完了。

你发现了吗？我仅仅是比平时早起了一个多小时，就让我省出了半天的时间，如果我愿意，看电影甚至睡觉都不过分。

这只是部分地驳斥了"早起毁一天"的错误观点。有人又会说，你确实有效地利用了清晨，但是你的效率说不准还很低呢！那么困，怎么可能全神贯注？可事实上，早起和疲惫是两个毫无关联的事情，我虽然起得早，但是精神状态依然很好，这是为什么呢？

首先，我学到了一些早晨提神的办法。我逐渐习惯了清晨去跑步，这会让我的身体逐渐适应这个节奏，让我清晨的精神充足起来。

其次，最关键的还是一个心态问题。你一定有过这样的经历。小时候上学，周一到周五每天上学要早起的时候，总是感觉很累，但是到了周末，你却起得比谁都早。究其原因，是因为上学是你不情愿的事情，而周末还有更多有意思的事情等着你，所以你即使起床很早，也照样活蹦乱跳。

当你花费时间做自己想做的事情的时候，你就会知道，我们人生的本质其实是花费时间。如果你能活到一百岁，那你的人生的本质不就是花费你三万六千五百天的过程吗？这些日子，就是你所有的财富，怎么花费决定了你人生的价值。

有句歌词叫惜时如金，其实是不对的，因为时间比金钱重要多了。花时间赚钱当然没错，但它也只是为了让你安然活过剩下的日子。如果你把赚钱当作人生的最高追求，那么在我看来，你就有点舍本逐末了。我们赚钱的最终目的是获得更多的时间。

试想下，如果你可以用一百万元或者一千万元买到一年的时间，你愿意吗？我想你现在很难回答，除非你已经躺在病床上奄奄一息了。有的人的人生终极目标是赚到一定的钱后，纵情挥霍，吃喝嫖赌，过上无忧无虑的生活。于是，那个问题又来了，难道你赚钱就是为了追求吃喝嫖赌的乐趣吗？

事实上，以目前的科技能力，花钱续命是不太可能了，但是花钱买现在的时间是可能的。

举个例子，假如你想去一个地方，你可以选择步行，也可以选择打车。步行呢，需要一个多小时，而打车只需要十分钟，这时候，你就可以用打车费来购买自己的时间。也有的时候，你想看一本书，你可以选择去书店买，这会花费你大概半天的时间；你还可以选择网购，尽管你是在一两天后拿到的这本书，但你这一两天是自己的，那么你就买了自己半天的时间。

当我们还在和别人在蝇头小利上争执不休的时候，其实你失去的是最本质的财富——时间。我们早起一个小时，可能就会让我们的人生增加三四个小时的财富。早起一年，你就比别人多出了近一个月的财富，即使他是亿万富翁。所以，早起吧，这会让你的人生得以增值。

早起的意义

　　大凡有点儿上进心的人都想早起，做一个晨型人，以最好的状态去迎接挑战。但是实际执行的时候，很多人都会遇到这样的状况：平时上班怎么都起不来，到了周末却如何也睡不着。他们很苦恼，常常抱怨自己，不知道问题到底出现在哪里。这实际上是由于他们对早起意义的迷茫造成的。

　　平时上班睡不醒是因为去上班是被动的，在思想上自己是抗拒的，所以不免有些懒散，心不甘情不愿。而周末就不一样了，时间完全由自己掌控，不会有什么思想负担，所以整个人的精神面貌会焕然一新，兴奋地难以入睡，这都是情理之中的事情。

　　也有人可能一时兴起，早早地起了床，兴致勃勃，感觉自己真的是有进取心。可事实上呢，虽然愉快地早起了，但并没有确切有意义的事情可以做，于是他又悔恨了，起这么早干嘛？为啥我不多睡一会儿呢？

　　早起的意义到底来自哪里呢？它来自你真心地付出。不是躺着看电视，不是卧着玩手机，也不是买买衣服逛逛街，而是你在忙碌中找到的一份乐趣、一种力量，只有自己能体会得到，那种快乐是睡多少个懒觉都换不来的。

　　如今我每天都会早早地起床，简单地吃个早饭，然后展开宣纸，研好墨汁，一笔一画地练习书法，沉心静气，体验写字带给我的乐趣。看看哪个字好看，分析分析笔法，虽然和王羲之的入木三分差距天壤，但是也慢慢地琢磨出些意思。有些笔画要重，有些笔画要轻；有些钩慢慢用笔尖拖出即可，有些钩则要手腕灵活转动带出来；有些笔画要藏锋，有些笔画要露锋。不同的笔法不同的字，每个字有不同的风韵。我也从中感觉出了生活的柴米油盐。有的事要浓墨重彩地去做，有的事则是轻描淡写地略过；有时候要藏起自己的敏锐，有时候则要展现自己的勇武。

每一次在清晨提起笔，都会对生活与书法有新的体验，让我的人格一步步地得以完善。这种成就感异常清晰，每天都在进步，不枉费一天天的时光，所以不再会抱怨"周末早起"。

决定早起并不是一时兴起，也不是偶然，这个口号呼喊了多久已经不记得了，但真正坚定地加入早起的队伍还源自一个朋友。

每天早上，我都能看到他在微信朋友圈里"打卡"，就简单的几个字"你好，新的一天"，时间很准，五点。开始时我只是觉得这很怪异，时间一久，看到他又早起奋斗，我不由得感觉脸上发烫。他告诉我，他想考初级会计，可是白天上班回家太累，话都懒得说，更别提看书了，于是就决定每天早起学习。他还告诉我，这样做的效果很好，早晨头脑清醒，记忆力比平时更好，他很有信心能够考过。他把一个"早睡早起群"介绍给了我，在里面，大家都不怎么聊天，只是互相监督鼓励，每天早晨"打卡"，久而久之，每天的早起成了义务，而我也养成了早起的习惯。所以如果你也想早起，加个早起群是个不错的办法。

后来，我看了大冰的书，更加坚定了早起的信念。作为主持人、歌手、作家、酒吧老板，大冰的原则便是这个世界挣的钱不能拿到另一个世界花，做主持人挣的钱不能拿来养活唱歌写作或者酒吧，做歌手挣的钱也不能拿来供养其他的工作。作为普通上班族的我们，远没有到选择在哪个世界哪个领域挣钱花钱的程度，我们钱不多，但是和别人比起来，时间是一样的。

我们在这个世界的时间，就用来打造这个世界；我们在那个世界的时间，就用来供养那个世界。换句话说，上班时间就是为企业工作，下班时间就是为家人忙碌，两者不能混为一谈，不然你的领导不干，家人也不会干，甚至你也不能说服自己。所以，坚守一种规则是做人的根本，这个世界的烦恼消化在这个世界，那个世界的烦恼消化在那个世界。早起呢，就是用这个世界的时间来解决这个世界难题的最好做法。我比别人笨吗？并不是，那么我付出更多的时间，取得更大的成就就是理所当然的事情了。

早起真的没有那么艰难，当你睡眼惺忪地站在窗前，吸上一口早晨六点的新鲜空气时，你会瞬间感觉到生命的美好。洗漱化妆，给家人做一顿精致的早餐，听着广播，一家人其乐融融地吃饭，然后精神饱满地投入一天的工作之中。这一天并不会因为你早上少睡一两个小时而变得更糟糕，更不会让你精神萎靡哈欠连天。

还记得春节时，放假回家过年，父母都好奇地看着早起的我。妈妈叮叮咚咚地在厨房做饭，而我捧着杂志沐浴雪后清晨的阳光，然后活动活动身子，出去踏雪，比起窝在被子里，我的生命展现出了无限的美好。

试着按这个计划执行：

五点起床。

洗漱烧水：二十分钟

帮家人准备早餐：三十分钟

看专业技能的书，或者是名著：一个小时

一起吃早餐，计划今天的工作：二十分钟

于是，你可以在七点半出门去上班了，既不会迟到，又有备而来，你还有什么担心的吗？

"一日之计在于晨"，不要让先贤留下的格言成为耳旁风，早睡早起，做一个晨型人吧。

早睡早起的好处

　　早起不是成功人士的专利，却是他们生命的秘诀，也许我们没办法像他们一样赚到很多钱，但至少不要做一个"败家"的人——挥霍自己的生命。早起，拥有你意想不到的好处。

　　人闷在屋里睡觉，一夜的呼吸运动会让室内含氧量相对较低。早上醒来，人体十分需要有足够的氧气来进行补充。所以清晨对于一个城市显得更为宝贵，此时汽车的发动机还没有轰鸣，各种杂乱的声音还没有响起，这些对于听觉、神经系统的健康都是有益的。再加上一夜灰尘的沉淀，让清晨空气更加清新，大自然中取之不尽、用之不竭的氧源，会带着甜丝丝的醉人之感，你可以尽情地去摄取。有了足够的氧气，心肺功能、脑的功能都会充分地活跃起来，久而久之对身体自然有益。

　　如果起床晚，这一切就与你无缘了，想呼吸新鲜空气就十分困难了。由于机动车辆已开始奔跑，一氧化碳、二氧化硫、二氧化氮、碳化氢、铅等工业污染物就开始在城市里肆虐了，不但会致癌，还会侵蚀你的呼吸道，一天两天你感觉不到危害，但是长久下来，到了一定程度，就会引发你身体的各种疾病。

　　据测算，汽车每燃烧 1 千克汽油，可产生 10 立方米对人有害的废气。就一氧化碳而言，6 点以前马路上的浓度只有 7 点到 8 点的 25%～40%；到了 8 点至 9 点，它的浓度将提高 10 倍左右。加上人的呼吸道又富有水分，肺泡面积铺展开后要比体表面积大 25 倍，这就更易接触、溶解、吸收空气中的毒素。所以你真的决定要错过清晨那一天中短短几个小时的宝贵时光吗？

　　如果你不能早起，一定是因为你晚睡了，你知道晚睡的危害吗？人的身体进入十一点，各个器官就开始排毒了。比如肝脏，十一点左右开始排毒，如果你一两点睡觉，且长期这样，那你的肝脏会出问题也不是什么怪事了。而且晚上，人体由内而外的组织器官都要休息了，如果你延长它们的工作时间，就好比一个生产的机器，你一直不关机，会发生什么事情？有很多人四十岁左右就得癌症去世了，就是因为年轻时生活习惯不好，而且多年来都是如此。

如果你晚睡，整个人都不会有精神的。人体是有固定的生理周期和规律的，比如大脑，经过一个晚上的休息，它会在固定时间开始恢复运动，而这个时候你强制它处于休眠状态，违反规律，所以你会越睡越困。如果你早睡早起，清晨头脑会更加清醒，你的精力会更加旺盛。大脑经过一夜的休息调整恢复了旺盛的能力，骨骼肌肉经过一夜的休息活动更加协调，如果你利用这段时间锻炼身体，会让你健康长寿，如果你利用这段时间学习，会让你博闻强识。

早起也会让你食欲大振，促进肠胃的消化。实验证明，人在起床后一个小时食欲是最强的，你可以想想看，自己是不是就是这样？好好吃顿早餐，会让你一上午能量充沛。如果你起床晚，要赶着去上班，身体还没有切换到吃饭形态，吃饭自然不会香，吸收也不好。

大家都知道清理肠道的好处，粪便中含有大量的细菌和代谢产物，每天从粪便中排出的细菌多达128万亿个，构成粪便总量的1/3。这些微生物，如果在肠道中存留时间过长，不仅会过度吸收水分，造成大便干枯，而且还会不断地制造毒素，又重新吸收入血液中，引起人头痛、乏力。

如果你可以在早上做个计划，会让你全天有条不紊地进行，不但保持良好的秩序，也会拥有更好的心态；反之，你会丢东忘西，工作起来杂乱无章，紧张、烦躁的情绪也会随之而来。久而久之，这种情绪会在你的大脑中形成一个紧张的兴奋灶，它是许多疾病产生的根源。

根据国际长寿学者的研究指出："一切对人不利的影像中，最使人短命夭亡的就要算是不好的情绪和恶劣的心境了。"最近日本厚生劳动省的研究小组证实，与常熬夜的人相比，早睡早起的人精神压力较小，其精神健康程度较高。

此次试验以 440 名职员为研究对象，向他们分发了早睡早起型、"夜猫子"型生活方式调查表和自我判断精神抑郁度问答表。此外，科研人员还分别测量了被研究对象上班和回家时唾液中皮质醇的指标。分析结果表明，早睡早起者唾液中的皮质醇指标较低，因此他们的精神抑郁度也较低。据科研人员介绍，人体激素分早晨型和夜晚型两种，皮质醇是早晨型激素的代表，起着分散压力的作用。没有压力的生活是不存在的，因此这种激素对守护人类健康起着重要作用。由此可见早睡早起身体好不是无的放矢。

唐代医学家孙思邈也大力提倡早起，他在《千金要方》一书中明确提出"晏卧而早起"的养生思想，告诉人们要在五点到六点起床，这个时间可以根据季节有所浮动，但总的来说也不会浮动太大。如果你在早起以后再加上些适当的、附和身体情况的锻炼，就会起到清肺健脾、补益心气、降低血压、预防栓塞、增强胃肠蠕动、促进食物消化、调节视力、增加肺活量、促进大脑皮质抑制过程的发展、有利于神经细胞的充分休息等多种作用。

很多人都知道早起的好处，却在熬夜的情况下苦苦挣扎着早起，这简直与自杀无异，完全违背了早起的初衷，其实他们并不是想这样，而是没有找到合适的调度时间的方法。人的生命是有限的，精力也是有限的，如果你晚睡还要早起，就会让身体透支。

所以，一定要注意自己的睡眠。在九点到十点的时候就要躺在床上，酝酿睡意，如果你每天都是这个点睡觉，久而久之身体就会产生条件反射，形成"睡眠动力定型"，这种规律的形成，既能预防失眠的发生，又能保证睡眠的质量。

睡觉的时候要注意，被褥应该是清洁柔软的，而且被子也不宜太厚，以免压迫胸腹和四肢，影响血液循环。此外，也不要头蒙着被子睡觉。一个人每分钟大约需要 0.01 立方米的新鲜空气，因被窝里的空气混浊，氧气不足，就会出现憋气的感觉，第二天会让你精神不振、头晕胸闷。睡前也不要吃得太饱，也不能玩得太疯，不然大脑过度兴奋，想要睡着难上加难。

古人云：早卧早起，广步于庭。既然这是有益的，那我们为什么不去效仿而行之，坚持而为之？不要三天打鱼两天晒网，每一天都这样做，你就会领略到早起的乐趣，拥有健康长寿的身体和光明的未来。

晨型人只是回归真我

日出而作日落而息，这是人类从远古时期就保留下来的习惯，已经被深深地刻在了人类的基因里。成为晨型人不是让身体更别扭，而是回归本源。随着科技的发展，城市的霓虹灯起到了太阳的作用，然而它终究只是霓虹灯。如果仔细观察，记录一下婴儿的睡眠时间，你会发现，这个时间段是固定的，晚上八点到早上六点。我们的本质还是没有改变的，所以早起早睡并不是什么难题。

20 世纪 50 年代，有一位科学家在观察儿童睡眠的脑电波变化时发现，在睡眠过程中有一段时间脑电活动很特殊，看起来不像是睡眠的脑电图，倒像是处于清醒状态。在这段时间里，脑电波频率变快，振幅变低，同时还表现出心率加快、血压升高、肌肉松弛，最奇怪的是眼球不停地左右摆动。为此科学家们把这一阶段的睡眠，称为快速眼动睡眠 (REM sleep)，也有人把它叫作积极睡眠 (active sleep)。把快速眼动以外的其他睡眠，称为慢波睡眠，又叫作安静睡眠 (quiet sleep)。

进一步观察发现，一个人入睡之后，先进入一期睡眠，继之出现二、三、四期睡眠，然后由深变浅依次回返。当返回到二期睡眠之后，通常便出现快速眼动睡眠。然后又进入另一个睡眠周期，由浅入深再由深变浅，间以快速眼动睡眠，如此往复。科学家们只观察到这种现象是存在的，提出睡眠不是消极的单纯休息，快速眼动期是人们在对一天中所获得的信息进行加工整理使之条理化的过程。

根据哈佛的一项睡眠转眼球的研究，睡眠的节点是 3、4、5、6、7 小时，健康的成年人大多是 1.5 小时快速眼动睡眠，1.5 小时非快速眼动睡眠，只要熟睡后在这个节点上起来都不会有什么问题。因此在熬夜前睡眠三小时有利于提高工作效率，晚上睡它六七个小时然后起床精神会更好，所以请不要再觉得倘若不睡足八小时身体就会出问题了。

而且从生物学的角度看，人体早晨分泌的肾上腺素是夜间的三倍，所以早起的人效率更高。早起的人不但在身体上有活力，在心理上也更积极，可以有效分割时间的利用区间，对完成艰难工作很有帮助。根据时间段安排生活是必要的。

晚上十点，写下第二天的工作计划和要准备的工作。要是你连起床要干什么都不知道，那你怎么会早起呢，还为什么要早起呢？写个计划出来，不但可以让你高效率地利用清晨时光，长久地坚持一件事的话，也会起到积沙成塔的效果，让你取得超人的成就。

早晨四点半准时起床。想要起得早，动作快是关键。一旦听到闹铃响，别急着关掉它，马上爬起来，活动活动身体，穿好衣服，再做些简单的运动，消除疲劳。这里强调的就是迅速，千万别让睡回笼觉的思想出现。

四点半到五点，洗漱完吃个早饭，准备出发。人大脑所需的能量是葡萄糖，可以由分解食物获得。所以大脑在饭后一小时是最灵活的，三到四个小时后状态就会回落，甚至不到峰值的千分之一。所以你吃过早餐到公司后，整个人的精神面貌都会大为不同。

五点出门上班，这时候，万物都在苏醒，你可以庆幸的是，你的竞争者们还没有起床。地铁里十分宽敞，路上也不会堵车，你可以坐着看会儿书或者手机，惬意地到达公司。

六点开始着手材料整理和工作计划。很多人没有规划工作的习惯，俗话说，磨刀不误砍柴工，规划工作的效率就在这儿。看似你比别人多花费了时间，其实你在效率上要比别人高很多，而且质量也不可同日而语。很多销售新手每天的工作就是拿起电话，做记录，然后挂断电话，虽然他也很用功，但效果并不好。一个成功的销售，他的大部分时间应当是在思考的，对不同事情、不同人区别对待，建立一套处置办法，让自己游刃有余，这就是规划工作生动的例子。

中午十二点到下午一点要午休。年轻人总觉得自己精力充沛，好像有用不完的能量，其实你并不是真的很精神，只不过是有什么有趣的事情在吸引着你，让你透支着自己的身体。一上午高强度地工作，会让你身体处于疲劳状态，睡个午觉可以有效缓解疲劳，下午也可以高效地投入工作中去。

晚上十点的时候，回顾自己的一天，最好能写日记。回顾自己一天的行为举止，会让你谈吐举止日益优雅；回顾自己一天的工作生活，会让你工作思维方式发生巨大改观，每天都能感觉到自己的进步才是你早起的最大动力。可以说，晚上十点的总结才是一天的点睛之笔。

合理规划时间，沿袭最自然的人体习惯，做一个晨型人，你会享受到从早晨到睡眠如行云流水般的畅爽感，不但会让你身体健康，也会让你精力充沛，何乐而不为呢？

即使早起也可以不痛苦

一提到"早起"，很多人本能地会去拒绝，其中的"早"字尤为传神，总让人联想到不好的东西，比如说"跑快"的"快"，"再加把劲儿"的"再"，因为它们是在提示你更努力些，这里面包含着不少的挫败感和痛苦的回忆。"早"字本身传递出的压力会让人喘不过气来，这很正常。

其实早起之所以会痛苦，一方面是因为睡眠不足或者睡眠质量低下而导致的身体上的痛苦，强制运行身体就如同给一台已经运行了一个月的机器加油一样，看似还可以，实则带来的却是毁灭性的打击，人与机器不一样的是，我们人有感觉，所以会觉得很痛苦。另一方面，也是决定性的原因——心理上的，起床的时候人是最脆弱的，这意味着一个与整个社会系统连接的你，将被接入世界，你的压力可想而知，尤其是对单身人士来说，更加困难。

想要起床不那么痛苦，我们就应该解决上述两个问题。

对身体方面来说，我们要保证足够而且高质量的睡眠。所以你有必要了解我们睡觉的过程。

睡眠周期的四阶段：

第一阶段：我们刚入睡时的浅睡状态。脑电波为混合的，频率和波幅都较低的波，持续约 10 分钟。周围的一些动静都会让我们"睡醒"。

第二阶段：偶尔出现一些频率高波幅大的"睡眠巅"，持续约 20 分钟。这时我们就开始不容易被叫醒了。

第三阶段：脑电波变得更慢，持续约 40 分钟。我们肌肉等会更加放松。

第四阶段：脑电波主要是更大、更慢的 Δ 波时，我们便进入了深度睡眠。身体开始全面放松，诸如梦游、说梦话都是这个阶段发生的。

这四段睡眠大约 1 个到 1 个半小时。之后会翻翻身，换换姿势，并容易惊醒。然后又开始新一轮睡眠。

快速眼动睡眠（rapid eye movement sleep，REM sleep）：

在第一个睡眠周期结束到下一次开始前，我们会先进入快速眼动睡眠阶段。这段时间的脑电类似 β 波，眼球开始四处运动。就是这个阶段，我们开始做梦。

快速眼动睡眠这个阶段会持续多久呢？一晚上是不一样的。第一周期后 5~10 分钟，第二周期后时间更长。而在后半夜，第三阶段和第四阶段睡眠会逐渐消失，快速眼动睡眠阶段会长达约 1 小时。因此，快睡醒时的梦可以做很久，感觉还很生动。

所以，如果你想白天不困，就要睡够睡眠周期，每个周期大约是一个半小时，所以即使你只睡三个小时，头脑也会很清醒，但这对身体有损伤，所以不提倡，我们可以选择睡六个小时或者七个半小时，这是最好的选择。

此外，你也要保持良好的睡眠习惯。比如晚上不要吃得太多，以免精力太过旺盛而睡不着觉；也不要在睡前玩手机，五彩纷繁的世界会勾着你的魂让你难以自拔，几个小时的时间眨眼的工夫就会过去。而且，不要把没有做完的工作、没有看完的书放在睡前做和看，这很有风险。睡觉前可以适当地来点儿运动，虽然刚开始你会感觉身体兴奋了起来，但是不用多久，疲劳感就会席卷而来，催动着你去睡觉。尽量要养成固定时间休息的习惯，即使是周末也不要改变，一旦形成规律，一切将会水到渠成。

至于心理上的痛苦，心病还要心药医治。

首先，要有绝对的信心。告诉自己，起床只是一件小事，并不困难。你要知道，当你说出"太难了"三个字的时候，就是你把自己放弃的时候，潜意识里，你整个人的思想就会被腐化，从而对早起产生畏惧。早起之后就会感觉痛苦，因为在你的思想里，早晨的这个时候，自己应该是在梦乡中才对。一切事情，先坚定信念是第一步，也是最关键的一步。

其次，设定目标，为早晨制订一个计划。很多人尝试过早起，而且一连几天都成功了，但是他很迷茫，不知道早起后该做些什么，有时候呆呆地坐着，感觉很空虚。所以，早起一定要做些有意义的事情，或者是你觉得有意思的事，比如学习英语、看书，或者是听音乐等一系列，坚持一段时间后你会发现，你比原来进步了许多。即使你是把时间花在了一些别人难以理解的你的兴趣爱好上，你也会感觉到自己明显的进步。

再次，要做一些有助于快速清醒和提升身体活力的事情。早起之所以痛苦，最主要的原因就是起床之后的迷糊困顿状态。可以通过做一些事情快速度过这个阶段。比如：洗冷水脸、冷水澡；做一些有助于清醒的运动：跑步、健身、游泳；或者最简单地做一些自己特别喜欢的事：看一会儿视频，准备一顿丰盛的早餐，或者逛一会儿网站，用自己喜欢的事情抗拒赖床的诱惑。但是，一定要记得先从床上下来。

别想着一蹴而就，一个好习惯的养成不是一天两天能做到的，外国有研究显示，养成一个习惯平均只需要二十一天。当然，对于早起习惯的养成，如果只是二十一天，恐怕很困难，但是让你对早起不再畏惧还是可以办到的。万事开头难，没早起之前就好比有一块大石头压在你身上，当你制订二十一天计划并实施的时候，会渐渐改变自己的生物钟。建议采用循序渐进的办法，每天早起一点儿，比如说十多分钟，这样你不会痛苦，而且坚持一段时间后，你的提前量到了两个小时，好比温水煮青蛙，你也就会觉得早起像心跳一样自然而然了。

最后，找个伙伴互相监督。其实现在有很多这样的早起小组，你上贴吧搜索就可以发现，每天都有很多人在早上签到打卡，让早起成为一种责任。你也可以找自己亲近的人一起早起，相互鼓励，当一个人的困难痛苦分摊到两个或者更多人身上的时候，你就不会觉得辛苦无聊而且累了。

早起不仅是习惯，也是健康、自律和正能量的代名词，能坚持四五点起床的晨型人绝对是值得骄傲的。但这种骄傲不应该是伴随着痛苦的，而应该是伴随着欢乐和对未来无限憧憬的。按照上面的方法做，你会成为一个快乐的晨型人。

The 2st Chapter

时间规划篇

——不要混日子，小心日子把你给混了

偷闲，让时间 1 + 1>2

富兰克林曾说："忽视当前一刹那的人，等于虚掷了他所有的一切。"很多人以这句话为座右铭，激励着自己珍惜零碎时间。

零碎时间大致可以分为两种：一种是可以预见的，比如坐飞机和火车，在候车室等待的时间。而另一种是不可以预见的，例如约定好时间约会，而别人迟到了，你又不得不多等一两个小时。

但不管是可以预见的或者不可预见的零碎时间，都是可以利用的。有人曾算过这样一笔账：如果每天花十五分钟看书，一个中等水平的读者读一本一般性的书，每分钟可以读三百多字，十五分钟就是四千五百字，一个月坚持下来，就是十三万五千字，一年的阅读量可以达到惊人的一百六十多万字，这相当于二十本书，远远超过了世界人均阅读量。

神奇吗？随着科技的发达，你甚至不需要握卷在手，一个手机足矣，挤地铁、坐公交、吃饭、等人，你轻轻松松就可以抽出十多分钟，一天下来，你会惊奇地发现，你比别人多出了两个多小时。

很多人认为，人与人的差距是因为环境、机遇、能力、家庭等方面，但是爱因斯坦却说："人的差异在于利用空闲的时间。"多数成功人士将其奉为真理。

美国著名小说家、诗人和钢琴师艾利斯顿在其回忆录中写道：

在我年幼懵懂的时候，卡尔·华尔德先生告诉我一个真理，那时我只有十四岁，并没有听从他的建议，好在后来悔过，从中获得了不可限量的益处。

卡尔·华尔德先生是我的钢琴老师。一天课上，他问我："你每天练琴要花费多少时间呢？"

还不待我回答，他又问我："你每次练习，时间都很长吗，是不是有个把钟头？"

我点点头，表示是的。

原以为这样可以获得老师的赞赏，哪知道他对我说："不，孩子，你别这样。"

我很疑惑，华尔德老师又说："长大后，你不会有这么多集中的时间的，你要养成习惯，一有空就弹几分钟。比如在上学以前，或者是午饭之后，再不就是工作疲劳短暂休息的时候，不管是五分钟还是十分钟都好，要学会利用空闲时间，把练习时间分散在一天里面，这样，弹钢琴就成了你生活的一部分。"

当我长大成了一名大学老师，上课、阅卷、开会等烦琐的事情几乎占满了我每天所有的时间，差不多有两年时间，我几乎什么东西都没写，因为没有时间。其实，这不过是我为自己找的借口罢了，我又回想起了华尔德先生的教导，突然茅塞顿开。

第二天，我就照着华尔德先生的话，开始把零碎时间利用起来，一有时间，我就坐下来写上几行，几个星期后，我出乎意料地竟然写出了许多页的稿子。

后来，我的教授工作一天比一天繁重，但是，我仍然积少成多，完成了长篇小说的创作。甚至有时候，稍得空我就推敲小说的情节，效果比集中时间还要好。

因为知道自己想要什么，所以工作时异常地认真，知道一旦完成工作，就有更多时间可以创作，工作也变得有意思起来，华尔德先生对我一生都产生了重大的影响。

零碎时间虽然个体算很小，但是加在一起，就会发挥出很大的功效。人的一生正是由无数个一分钟、五分钟的时间组成的，艾利斯顿正是由于巧妙地利用了这些空闲时间，才成就了卓越的人生。

因为珍惜零碎时间成功的人又岂止艾利斯顿，国际著名佛学大师、佛光山开山宗长、国际佛光会世界总会会长星云大师也说："我回想自己的一生，光是为了等人、等车、上课、吃饭，就不知道花了多少时间，后来我发现，被人等待固然是一种残忍的行为，学习等待却是一种至高的艺术。所以我自己除了保持守时守信的习惯之外，也喜欢利用等待的'零碎时间'，计划做事的先后顺序、考虑人我的彼此关系，甚至思考文章的内容铺排、佛学上难懂的名相，或回忆读过的名著佳作等，如此一来，不但培养我集中意志的习惯，也增进我从'闻、思、修'进入三摩地的能力。"

　　美国著名作家杰克·伦敦也是一个利用零碎时间的高手，他在屋里的窗帘上、衣架上、橱柜上、床头上、镜子上……到处贴满各式各样的小纸条，上面记载着各种各样的美妙词汇、生动的故事，还有五花八门的资料。每天清晨起来，不管是穿衣洗脸还是吃饭休息，他有空就会瞟一眼纸条，为自己的创作提供灵感，在家中这样，外出时他就把纸条放在衣兜里，同样有时间就拿出来看。

　　如果你珍惜时间，就连老天都会眷顾你，给你更多的机会。曾经有一个青年小伙子，在火车前进途中，一直不停地写东西，这激起了他身边一位中年男人的好奇心，当中年男子知道他在利用空闲时间给客户写信的时候十分感动，中年男子正是一家公司的老板，于是盛情邀请他成为自己的助手。

　　不积跬步，无以至千里，不积小流，无以成江河。在日常生活中，如果我们能一天、一月、一年乃至一生都合理利用零碎时间，再平凡的人都会取得骄人的成就。

从"时间小偷"手上夺取时间

岳飞在《满江红》旦咏叹："莫等闲，白了少年头，空悲切。"许多伟人之所以能万世流芳，其中有一个重要的原因就是他们能够珍惜时间，从百忙之中挤出时间来充实自己。时间是构成生命的最重要材料，没有时间，生命就到了尽头。所以我们做事，一定要争分夺秒，不要浪费一分一秒，否则追悔莫及。

有一个名叫《虚度的时光》的故事感动了我很久，如今我把它讲述给你，或许对你能有所启发。

艾斯特·卡西拉是个有钱人，他住在一幢豪华的别墅里，但是这个别墅很诡异，每天晚上都会有一辆卡车从他家的花园里抬走一只大箱子，装上卡车，然后慢慢地开走。

一天，好奇的卡西拉跟在那辆车后边，想看看卡车到底停在哪里，究竟想干什么。

卡车停在了一个峡谷中，卡西拉环顾四周，发现到处都堆满了箱子，而且都一模一样，当司机从卡车上扔下了他家花园的箱子时，卡西拉赶上去，好奇地问他："刚才我看到您从我家花园抬走一只箱子，请问箱子里装的是什么？这一堆一堆的箱子又是干什么的？"

那人打量了卡西拉一眼，微微一笑说："您家还有许多箱子要运走，您难道不知道吗？这些箱子都是您虚度的日子啊。"

"什么日子？"

"您虚度的日子。"

"对，您白白浪费掉的时光，虚度的年华。您曾经盼望美好的时光，但美好的时光来临后，您又干了些什么呢？您不妨过来瞧瞧，它们个个都完美无缺，根本没有用过，不过现在……"

卡西拉走过去，顺手打开一个箱子。箱子里有一条暮秋时节的道路，他的未婚妻正在那里慢慢地走着。他又打开第二个箱子，里面是一间病房，他弟弟正躺在病床上等他归来。第三个箱子是他原来住的老房子，那条忠实的老狗在栅栏门口卧着等他。

卡西拉感到心口被什么东西刺了一下，疼了起来，他恳求那人："您把这三只箱子还给我吧，我有钱，您要多少都可以。"

陌生人说："太迟了。"然后带着箱子一起消失了。

时光一去不复返，即使你出再多的钱，也没有意义。我们经常在说："太忙了，没时间。""要是有时间的话，我就怎么怎么样。"然而，你真的是没有时间吗？一年一年过去了，你仍然一事无成，稀里糊涂地做着毫无意义的事情，最可怕的是，你压根没有意识到什么才是真正有价值的。

曾经有一个男子走到一家书店门口，来回地徘徊了一个小时，犹豫着要不要买一本书，最终，他决定买书了。

他问店员："这本书多少钱？"

"四十元。"店员说。

"三十元吧。"他说道。店员摇摇头，于是他又花费了近十分钟和店员讨价。

店员还是没有同意，他又用十多分钟找到了书店的老板，最终，他如愿以偿，和老板讨价还价十几分钟，以三十五元的价格买下了那本书。

他赚了吗？为了便宜五元钱，他浪费了近两个小时。一秒、一分、一小时、一天、一年，很多时候，我们似乎觉得浪费一会儿没什么大不了的，因为在你的度量时间的单位上面，总有比它还大的单位。你目不转睛地盯着墙上的钟表，希望它快点儿走，好打发无聊的时间，但正是因为这样一分钟、一小时，才让你的一生都变得黯淡无光。

　　在美国近代企业界里，与人接洽生意能以最少时间产生最大效率的人，非金融大王摩根莫属。

　　摩根每天上午九点半准时进入办公室，下午五点回家。有人对摩根的资本进行了计算后说，他每分钟的收入是二十美元，但摩根说好像不止这些。所以，除了与生意上有特别关系的人商谈外，他与人谈话绝不超过五分钟。

　　通常，摩根总是在一间很大的办公室里，与许多员工一起工作，而不是一个人待在房间里工作。摩根会随时指挥手下的员工，按照自己的计划去行事。如果你走进他那间大办公室，是很容易见到他的，但如果你没有重要的事情，他是绝对不会欢迎你的。

　　摩根能够轻易地判断出一个人来接洽的到底是什么事。当你对他说话时，一切转弯抹角的方法都会失去效力，他能够立刻判断出你的真实意图。这种卓越的判断力使摩根节省了许多宝贵的时间。

　　高尔基曾经说过："人从他出生的那天起，就一天天接近死亡。"许多人总是抱怨时间不够用，然而却不懂得珍惜时间，不懂得有效利用时间。点点滴滴的时间看起来微不足道，却是成就事业的基石。浪费时间，就是浪费你的希望和梦想。因为，明天的财富就藏在今天的时间里。所以，从现在开始学习管理你的时间，或许这将成为你人生奋斗中最重要的一步。

排序，最重要的事最优先

"黄金矩阵"的说法来自美国著名的管理学大师史蒂芬·柯维，他曾被《时代》周刊誉为"思想巨匠""人类潜能的导师"，并入选影响美国历史进程的二十五位人物之一。"黄金矩阵"将数学概念与管理学相结合，通俗易懂。

"黄金矩阵"又称"四象限法"，他把工作按照重要和紧急两个不同的进程进行了划分，分为四个"象限"：

第一象限：重要又紧急；

第二象限：重要不紧急；

第三象限：不重要却紧急；

第四象限：不重要也不紧急。

之所以这么分，是因为史蒂芬·柯维经过长期的观察发现，很多人看似忙忙碌碌，其实把大部分时间花费在了不重要却紧急、不重要也不紧急两个极端象限上，还有很多人把时间都花在了第一象限上，这些人的生活更为糟糕，总是充满了压力，整天忙于收拾残局。只有把时间都花在第二象限事务上的人，工作起来才游刃有余，不至于太累，而且还能多出很多时间放松，每天可以节约近两个小时。而造成不同的人处于不同象限的主要原因，是因为对时间管理的不同，第二象限的人更会管理自己的时间，将重要的事情先做。

对于老板来说，管理时间可以提高工作效率，推动企业整体绩效的提高。

美国一个大公司的董事长赖福利，每天清晨六点准时到达办公室，然后读十五分钟管理类图书，随后全神贯注地思考本年度必须完成的重要工作，以及需要采取的必要措施。接着，他会列出一周的工作计划，按照主次先后，一一写在公司的黑板上，让每个员工都知道自己需要做什么。在去餐厅吃饭的时候，他就将事先思考好的议题提出来，和秘书与高管一起讨论，不但环境融洽，而且效率很高。大家各抒己见，在一顿饭的时间就可以达成共识。午饭结束，下午一上班，他就会让助理按照计划实行。整个企业在他的带动下活了起来。

对于员工来说，管理时间不但是为自己减负的好办法，还会让自己获得老板的青睐。

一家五百强之一的公司老总曾说过："我不喜欢看见报纸、杂志和闲书在办公时间出现在员工的办公桌上，我认为他这样做，是不把公司当回事儿，他只是来混日子。如果你确实没有事情做，为什么不去帮助别人呢？这种员工我是绝对不会给他升职机会的。"

在很多情况下，穷人和中产阶级之所以整天为生活苦苦奋斗，却不见生活有什么改善，就是因为他们把金钱看得太重了。他们紧紧握住手中的钱，为钱努力地工作着，勤俭地过日子，不惜花费大量时间到处寻找购买打折的商品以尽可能地省钱。很多人都想致富或去做富人进行的投资，但他们就是不愿意投资时间。

伯利恒钢铁公司的查理斯·舒瓦普一度因为公司业绩低下而苦恼不堪，不得已，他求助了效率专家艾维利。

不久，艾维利给他寄来了一封信，其中内容只有四行字：1. 就寝之前，去回想隔日各种需处理之事。2. 将其优先顺序写于纸上。只要写六项即可。3. 翌日，将此纸放在西装口袋中，再去上班。4. 抵达公司后，依照纸上所写的顺序，从第一件开始去执行。

就这样简单的四句话，查理斯·舒瓦普不得不为它支付了两万美元的酬金。

第二天，查理斯·舒瓦普在就寝前将翌日所有必须处理的事情回想一遍，从第一项到第六项标出优先顺序后，写在一张小小的纸上面，隔天到公司后便照本宣科地执行。结果，和以往完全两样，工作的效率非常明显地提高了。查理斯·舒瓦普马上将此系统导入公司，他宣告全公司的员工，将隔天必须处理的六个事项写在纸上。此举实施之后，立竿见影的工作效率随即往上提升，业绩也跟着蒸蒸日上。

　　如果你想从烦琐的日常事务中解脱出来，就一定要懂得管理时间，把重要的事情找出来先处理，是一个很好的办法。

以"80/20 法则"提升时间的效率

你知道吗，一个人生命中大部分的成就，不管是在知识、文化、艺术或者是体能上表现出的大多数价值，都是在他们生命中的一小段时间里取得的。说出来你可能不信，然而事实的确是这样的。

意大利经济学家、社会学家帕累托经过调查发现：

在企业中，20% 的产品创造了 80% 的销售额，而 80% 的销售额都来自20% 的客户。

在工作中，80% 的成就是在 20% 的时间内取得的。

在社会犯罪行为中，80% 的犯罪行为来自 20% 的罪犯；80% 的交通事故是由 20% 的驾驶人员引发的。

在我们的生活中，在 80% 的时间里，我们穿的只是衣柜里 20% 的衣服。

于是他提出，在任何大系统中，约 80% 的结果是由该系统的约 20% 的变量产生的。人们把这条定律称为"帕累托法则"，又叫"80/20 效率法则"。

帕累托法则给我们的启示是，我们应该用 80% 的时间做能带来最高回报的事情，而用 20% 的时间做其他事情。在工作中，要大智有所不虑，大巧有所不为，不要丢了西瓜去捡芝麻。

英国作家理查德·科克也著书对帕累托法则做了阐释，他说："一般情况下，产出与报酬是由少数原因、投入和努力所产生的。原因与结果、投入与产出、努力与报酬之间的关系并不是平衡的。若以数学方式测量这个不平衡程度，得到的基准线是一个 80/20 的关系，结果、产出或报酬的 80% 取决于

20% 的原因、投入或努力。"

为了更形象地说明帕累托法则，我们选取了三个真实的案例。

第一个案例发生在一家大公司老板身上，他并不是名牌大学出身，却创建并拓展出一家规模很大的公司。你别以为他工作很辛苦，事实上，公司上下除了他以外，几乎每个人每星期都要工作七十个小时以上。他所做的很少，只是每个月开一次例行的股东会，平时都是打打网球，思考思考公司发展的方向。他管理公司的方法很简单，就是雇用五位经理来掌握公司的一切。他把大部分时间花在了与高端客户的社交和谋划未来上，而把产能不大的地方交给别人，所以他的公司越来越成功。

第二个案例发生在一个名叫杰克逊的退伍军人身上，与上个案例相似，他是全公司除董事长以外，最清闲的一个。杰克逊虽然是分公司的领导者，但他却很少管理公司的具体事务，没有人知道杰克逊是怎么管理时间的，也没有人知道他每天工作多少个小时，但是逍遥自在的他，的确使分公司业绩蒸蒸日上。

原来，杰克逊只参加重要客户的会议，他几乎把所有的精力都拿来思考如何在与重要客户的交易中增加获利，然后再安排用最少的人力达到此目的。他从不在手上积攒超过三件的事情，而是只留一件，用心地去处理它。

第三个案例发生在一间狭小的办公室，里面常常挤满了人，打电话的、做汇报的，十分嘈杂。职业经理人杰瑞就是在这种环境中，安排自己的工作。他会向每一个下属分发任务，而且对每个人安排任务时，都再三叮嘱，务必他们理解自己的想法。尽管杰瑞的动作慢，但是在他细致的说明下，员工可以很好地执行任务，他付出的那短短几分钟的解释时间，让工作效率提高了不止一倍。

无数案例都验证了帕累托法则的正确性，那些高投入、低产出的、不重要的事情，是不值得去做的，我们应该把精力和时间放在重要的事情上，那么究竟什么是重要的事情呢？

1. 能为我们带来高回报的事情；

2. 与我们的工作目标保持一致的事情；

3. 工作单位要求我们做的事情；

4. 没有时间限制的事情。

美国当红青年 CEO 提摩西·菲利斯曾经也像辛勤工作的员工一样，每天工作超过十四个小时，但是收入只有四万美元。而现在，他每个星期只需要工作四个小时，收入却是原来的十二倍。细算一下，他时间的报酬率居然是原来的二百九十七倍！他的做法是，把所有的客户都列在一张纸上，然后按照重要程度排列，将自己大部分精力用在最重要的客户身上，事先做好各方面的准备，让重要客户对他的满意度提升，没过多久，他就签了大单子。

美国篮球运动员约瑟夫·福特说："上帝和整个宇宙玩骰子，但是这些骰子是被动了手脚的。我们的主要目的是，要了解清楚如果它是被动了手脚，我们在接下来又该如何使用这些手法，以达到自己的目的。"

做事情请抓住重点，运用帕累托法则，将自己的主要精力放在能给我们带来最大价值的事情上，而不应该在一些不重要的地方苦下功夫，你一定可以从痛苦的工作中解脱出来的。

适当地 "欺骗大脑" 是个不错的选择

我们都知道，大脑左右半球分管的事情是不一样的，所以，如果合理调配左右大脑的工作，就会效率翻倍。事实上，也确实有这样的研究，人们将连续分段管理时间这种想法称为"莫法特休息法"。

莫法特休息法主张以连续—分段—连续—分段的组合方式处理问题，充分利用间隔空当的时段，创造出更多的可利用时间。

这种方法类似农业上的"间种"。在一片耕地中种植同一种农作物，由于同一作物需要相同的养分，而且面对的是同一种天敌，就会导致土地肥力越来越差，对不同虫害的抵御能力越来越低下，从而产量会逐年下降。所以，聪明的人们选择将不同种类的农作物在同一片耕地合理安排种植，这样就会提升土地的利用率。

在生活中，我们应对疲劳的方法通常是改变工作方式，变换工作地点，或者几种工作交叉同时进行。事实上，如果你真正了解大脑的工作模式，就会找到一种更加科学的方法。

科学研究表明，人大脑的左半球负责人的语言表达、逻辑性和序列性等思维活动，大脑的右半球负责人的非语言性、非逻辑性思维、知觉、直觉感情等形象思维方面的整体活动。所以，如果我们在做连续性的工作，如长时间思考问题、写文章等，发挥作用的是我们的左脑。而在做可分段的任务，如打电话、发传真、抄写、统计等工作时，发挥作用的是我们的右脑。

我们都有这样的生活经验：紧张和繁重的工作不一定会让我们感到疲劳，而往往是因为单调乏味的工作使我们产生厌烦情绪，继而感觉浑身乏力，难以支撑。所以，如果我们按照大脑处理事情的不同，将一天的工作分为两类，交替进行，左右脑就可以轮流地休息，这样可以有效地减轻你对工作的厌恶感，驱除疲劳提升效率。

具体使用莫法特休息法时候，经过试验，我们找到了五种对工作分类的角度，下面将一一为你介绍。

一、按照研究问题的不同角度分配时间

面对同一个对象，我们可以从不同侧面分析问题，同样会让大脑产生不同的兴奋点，从而有限地减轻枯燥感。例如，我们在读长篇巨著的时候，如果从头到尾地读，长时间集中精神会让你感到厌烦，但是如果你从中间有趣的部分开始读，或者跳着读，选着读，新鲜的知识和信心能引起大脑浓厚的兴趣，这有利于你长时间完成同样一件事情。

二、按照体力与脑力相互交替的方式分配时间

当你集中精力研究问题感到疲劳时，请试着暂时放下手头的工作，出去散散步或者运动一下，慢跑个十多分钟。即使时间很短暂，运动也可以使你的身体兴奋起来。俗话说，磨刀不误砍柴工，看似你花费时间在别的事情上，其实，在效率上比之前高了很多。

三、按所处理问题的种类分配时间

这便是上文所提到的，交替使用左右脑。面对具体问题时，我们研究理论问题时，可以和学习形象的、具体的问题交替进行。例如，研究哲学、历史、文艺理论等问题时感到疲劳，我们可以拿起小说、图片或者诗歌来欣赏半个小时，这样，一个大脑半球休息，另一个大脑半球充分利用，而且你兼顾学习了理论知识，还为接下来的研究积累了材料，一举多得，将时间利用效率最大化。

四、按照动静交替分配时间

如果我们用一个姿势坐着读书、写作或者做其他的事情，时间久了，你会感到疲劳，这时候，请试着换个姿势，或者干脆换个读书的地方。

很多人很懊恼自己在思考问题的时候突然想到了别的事情，需要去找材料，于是他就翻箱倒柜去找材料，一般都要找很久。其实，大可不必感到难过，因为，正是你翻箱倒柜的时间，大脑皮层不同区域劳逸不均的问题得到了解决，一方面，材料你一定是要找的，怎么可以带着疑惑学习呢？另一方面，你的疲劳感也在忙碌之中一扫而光，这是多好的一件事情啊。

五、劳逸结合分配时间

古人说："骤雨不终日，飙风不终朝""一张一弛，文武之道"。我们为了赶任务，可以短时间内废寝忘食的工作，但千万不要日日夜夜都这样，只有张弛有度，我们的工作、学习才可以持之以恒、长久地坚持下去。

在工作的间隙，尝试着去看看电影，听听舒缓的音乐，或者散散步。其实，有时候，天才的构想都是在愉快的休闲中产生的，灵感的爆发可遇而不可求，为你产生的效益是惊人的，千万不要浪费这样的机会。

总而言之，连续分段时间管理法的宗旨是，要让工作充满新鲜感，让人的脑力和体力得到恰当的分配和调剂，使你的工作效率暴涨。

所有的工作都要设定"最后的期限"

所有的工作都要设定"最后的期限"，这是一个可以提高工作效率和生产能力的好方法。细心的你可能已经发现了，每次面对大大小小的工作时，仿佛每件事都商量好了一样，不管它们有多少，总是不约而同地在拖到不能再拖的时候，在你"洪荒之力"下集体完成了。网络上形象地把这种情况称为"拖延症"，对号入座的拖延症患者颇为不少。事实上，设定"最后的期限"就是为拖延症患者量身打造的良方。

科学上，我们把设定的截止日期称为"伪截止日期"，区别于截止日期，这并不是你要完成事情的最终期限，而是你自设的最终时间。这个概念源自六十年前提出的"帕金森定律"，其中说："只要还有时间，工作就会不断地扩展，直到用完所有的时间。"相反地，"如果时间紧，任务会在这仅有的时间内完成"，这也成立。

帕金森定律告诉我们的是，我们每个人都有能力在每日每夜的一大堆截止日期中生存下来，所以，为什么不自己设置一些伪截止日期来提高效率呢？从心理上来说，将所有工作设定期限，会让你全身心地投入其中，朝着那个方向倾注所有的能力。

拿破仑就深知人的潜能与时间的关系，有一次，他有一个非常重要的事情要处理，唤来了副官，想让他推荐一个可靠的人来完成这件事。副官听后，表示会找一个时间充裕的人，以确保事情顺利完成。哪知道拿破仑听后勃然大怒，副官十分不解，拿破仑对他说："不要找手上有空的人，而是要找最忙的人去做，最忙的人是最懂得如何管理时间的人，所以一定会在最后期限完成我的任务。而手上没工作的人，都是用得过且过态度过日子的懒人，怎么可能遵守时间？"

曾经有这样一个实验，专门针对拖延时间问题，结果让人深思。

做这个实验的是美国行为经济学家克劳斯·维坦布罗和丹·艾瑞里，实验地点是美国麻省理工学院，他们选取了三组学生进行对照实验。

测试中，每组学生的任务都是十二周内完成三篇论文。但不同的是，第一组学生完成论文的最后期限分为三段，第四周、第八周和第十二周的时候，他们要分别交一篇论文。第二组学生并没有被指定最后期限，只要在十二周内完成即可。第三组学生自行分开设定最后期限。

当十二周过去后，统计发现，最后期限设定时间分布均匀的学生——包括第一组学生，以及第三组中自行分开设定最后期限的学生——往往得分最高；没有自行分开设定最后期限或未被指定任何最后期限的学生，则表现得很糟糕。

还有一则故事可以更加形象地说明限定期限完成任务的有效性。这个故事来自争分夺秒的奥运竞技场上。

我们都知道，最看重时间的运动莫过于跑步了。百米跑步的胜负之差往往毫厘，所以每位选手都拼尽全力。可是当时间拉长，变成马拉松长跑的时候，决定胜负的最重要因素恐怕就是心理问题了。在一九八四年东京国际马拉松邀请赛中，有一位名叫山本田一的选手脱颖而出，成了比赛最大的黑马。

山本田一相比其他的选手，身材矮小，在耐力、体力上均不占优势，取得冠军后，记者好奇地采访他，问他究竟有什么诀窍可以战胜对手，山本田一意味深长地说："凭借智慧战胜对手。"当时许多人认为他是在故弄玄虚，能够夺冠纯属巧合。可是仅仅两年后，在意大利北部城市米兰举行的意大利国际马拉松邀请赛上，代表日本参加比赛的山本田一再次获得了冠军。

同样一名选手，带给了与先前不同记者相同的疑惑。他们长枪短炮地对准山本田一，又问起了两年前那个问题。其实山本田一并不是故弄玄虚，他只是性格木讷，不善言辞。他再次回答道："用智慧战胜对手。"这回，记者没有在报纸上继续挖苦他了，他用实力证明了自己，对于他所说的"用智慧战胜对手"，记者们仍不知该如何解答。

十年后，山本田一夺冠的奥秘终于揭开了，答案就写在他的自传里，他说："每次比赛前，我都要乘车把比赛线路仔细看一遍，然后在纸上记下沿途的标志性建筑。比如第一个标志是银行，第二个标志是一棵树，第三个标志是一座红房子……这样连点成线，一直画到赛程终点。比赛开始后，我就以百米冲刺的速度奋力地冲向第一个目标，等到了之后，我就把第二个目标当作终点，快速冲过去。四十公里的赛程被我分成几个小目标轻松跑完了。我胜在心理上，把长距离的奔跑划分成多个目标，每次达到，心里就会得到满足，就更有干劲可以达到下一个目标。"

山本田一这种方法，很巧妙地激发了身体的潜能。他所越过的每一块标志，都像是一座心灵加油站，不断地向他的心灵输送能量，最终使他一马当先，抵达终点。

其实，这样的案例数不胜数，美国著名作家塞瓦里德说："当我打算写一本二十五万字的书时，一旦确定了书的主题和框架，我便不再考虑整个写作计划有多繁重，我想的只是下一节、下一页甚至下一段怎么写，六个月的写作时间，除了一段一段开始外，我没想过其他的事情，结果就水到渠成了。"

如今的世界企业五百强之一——富士康公司，曾经一度面临破产。其中主要的原因是当时的产品部门主管在给员工分配任务时，不制定具体的任务时间表，结果导致工程进度严重滞后，最后只能狠抓时间，结果生产的产品质量不过关。好在后来公司进行重组，明确出各个任务的具体时间目标，规范了完成任务的最终期限，使员工更有紧迫感，积极性大为提高，这样才最终扭转败局，成就了如今的地位。

任何一个远大的梦想都应该有一个具体的实施过程。不要被遥远的梦想所吓倒，化整为零，给目标设定若干个最后期限，你就能稳步向前地靠近。成功本就不是一蹴而就的，只有循序渐进，让每天的忙碌都发挥功效，才能不断地向成功迈进。

完整利用周末时间

终于要到周末了，周五晚上，你玩了一个通宵，第二天睡到下午才醒，昏昏沉沉迷迷糊糊之间，又要周一了。你悔恨，感觉工作好痛苦，夏天才刚到，没过几天，你就觉得冬天来了。日子快得像是没感觉一样，你感觉不到自己的存在。所有的一切，都是因为你把时间全都用在了日复一日的工作上，即使是周末，也没有让它起到调节生活的效果。

试想，周末第二天你早上六点起床，在阳台上看看初升的朝阳，去卫生间洗把脸，然后去做一顿美味的早餐，回到书桌前，找一本喜欢的书，安安静静地看会儿。

八点，太阳爬高了一些，你勤劳地对全家来了一个大扫除，卫生间、客厅、房间和地板都被你清洗得亮亮堂堂。十点多的时候，拿起电话，邀请好友，一起去吃个午饭，或者去公园走走，你还会感觉很疲惫吗？

在大部分人选择周末靠着沙发看电视的时候，如果你把这两天利用起来，就会取得惊人的成就，这里，我们将给你几个利用周末时间的方法。

一、为如何利用自己的周末做个理智的选择

在这个被即时通信充斥的世界，总有一些事情会莫名其妙地占用你的时间，如果不能理智选择，你的时间就会荒废，并不能让你向目标迈进哪怕一步。

所以，何不跟时间来个预约？读一本书，锻炼下身体。听听音乐，散散步，从所有的选项中，找到对你实现目标有益的事情，不要纠结接下来怎么做，按部就班地执行下去，你会有很大的收获。

二、每周安排三五件事情来做，但是不要排满

人脑最伟大的地方就在于有能力去想象现实生活中完全不存在的东西，当你期待好事发生的时候，你就能感觉到同种类事情中的乐趣。所以，安排三五件有趣的事情，你会感受到不止来自同一件事情上的乐趣。但是不要把时间都排满，精确到每一分钟，这会让你感到疲惫。

三、列出自己想做事情的清单，逐一实现它们

也许你想做的事情太多，很多类似要去埃及看金字塔的想法，并不能在周末短短两天实现，但是，总有很多是可以在周末做的。把它们都列出来，什么和朋友野炊，或者去离自己近的景点，或许这些地方有很多，没关系，将这种习惯看成长久的计划，一段时间下来，你会发现，它们已经实现了很多。

四、把那些小事、琐事和忙碌的工作在周末降到最少

处理琐事绝对不能成为周末的核心，因为它们往往会充斥在你所有的空闲时间。相反，试着每天都做点琐事，如果没空的话，那就在周末抽一小部分时间出来专门处理。例如，周五晚餐之前抽出一个小时，清洗因为看电影迟迟未开洗的衣物；又或是在钢琴课和骑单车中的二十分钟空隙里去倒个垃圾。

五、享受亲密时光

重新联络近来稍有疏忽的亲人朋友，当然，不要出于愧疚或当成义务去做，而应发自内心想做。联系联系，问问他们近况如何。不要只在需要帮忙时才联系他们。如果上次因为太忙没接听他们的电话，那就在周末回去。跟他们交谈，听他们倾诉，让他们感受到你在身边。人情联络（拥抱、安慰）对身心健康至关重要。如果因为工作或生活环境问题，亲人不在身边，也没有太多朋友，那就主动结交兴趣相投的朋友。去认识他们、见面喝杯咖啡或吃顿饭，要么相约一起随便逛逛。你会发现，自己的情绪远比一个人自卑自怜时爽朗活泼

得多。

六、给自己几个小时放空

来个电子设备的"安息日"吧，我们已经被电子产品绑架一周了，放下它们吧，不要再看那些忍不住就想点击的消息，也许这些你没法避免，但也请不要一直握着手机不放。安排好自己的时间，看部电影或者一本书，放松自己的心情。

七、精简房屋

如果你一周下来精力还绰绰有余，可以尝试整理房间。橱柜门总关不上？文件放得到处都是？卫生间堆放的化妆品太多？哪怕无法一个周末就搞定一切，也可以参考小贴士去尝试，重要的是你能有所进步。挑选出自己喜欢的衣服，剩下的可以考虑扔掉或捐给慈善机构；文件都装到文件盒里，需要时还可以再腾出额外存放空间；处理掉卫生间的过期洗漱化妆产品，用简约的玻璃容器或在水槽下放个编织篮子，使一切摆放有序。

八、周日晚上做个计划，别让周一手忙脚乱

周日晚上做个计划能有效避免周一工作即将来临的恐慌焦虑。哪怕你喜欢工作你也会害怕周一，更何况对于那些不热爱工作的人而言，周日焦虑症真的会让人沮丧和抓狂。周日晚上八九点的时候，躺在床上，想想明天要做的事，安排下一周的计划，第二天上班时，你就不会手忙脚乱，甚至感到痛苦了。

早起不仅仅是为了获得更多的时间，珍惜周末同样也不是，它可以明显地改变整个人的生活状态，甚至只要体验一次，你就会感到其中的美妙。无论是从精神上还是生理上，日复一日按照文中的方法做，你会发现自己变成了更好的自己。

树立"明天不如现在"的观念

"明日复明日，明日何其多，我生待明日，万事成蹉跎。"从小，《明日歌》就是各位师长提醒我们不要拖延的口头禅，可是效果如何呢？我不敢奢求这个在你生命中，老生常谈了无数次的毛病，能在我几段文字的描述下改正过来，但还是心怀侥幸，列举一些哲理故事，以期你能顿悟，也只有你的顿悟，能让你的人生，在余下的日子里，过得更加精彩。

西藏有句谚语："明天，或下辈子，你永远不知道哪个会先来。"这句话被很多人熟知，有许多恋人把它当作珍惜缘分的话，总会在后面加上一句"所以，要珍惜现在遇到的你"，这也是不错的，总算抓住了些精髓。

日本有位著名的禅师——亲鸾上人，九岁那年，他的父母双亡，年幼的他离开家，来到寺庙，想要剃度为僧。

慈镇禅师问他："你这么小，为什么要出家呢？"

他回答道："我虽然只有九岁，但父母却离我而去，我不知道，为什么人一定要死亡，为什么我一定要与父母分离？所以，我要出家，探索这些道理。"

慈镇禅师从他的回答中感觉他有慧根，决定收他为徒。他对亲鸾说："好，我愿意收你为徒，可是今日已晚，明日一早，我就为你剃度。"

哪知亲鸾坚持道："师父，虽然你说明日一早为我剃度，但我终究是年幼无知，我不能保证自己出家的决心是否可以持续到明天，而且，师父，你年纪这么大了，也不能保证是否可以活到明早起床吧？"

人生无常，变化多端，忌在未来，却要行在当下。亲鸾的话震撼了慈镇禅师，他不禁拍手叫好，当场为他剃度。

人人都知道《明日歌》，有趣的是，清朝著名文人文嘉曾写过一首《今日歌》，内容同样有益，诗中写道："今日复今日，今日何其少，今日又不为，此事何时了？人生百年几今日，今日不为真可惜，若言姑待明朝至，明朝又有明朝事。为君聊赋今日诗，努力请从今日始。"

巴黎著名绘画大师柯罗，把自己能在艺术方面有所成就归功于今日事今日毕。因此，他对把问题推到明天的人十分恼火。有一次，一个青年画家把自己的作品拿给柯罗看，希望得到柯罗的评价。柯罗看过画后，当场指出了他觉得不太好的地方，青年画家听后，深以为然，他对柯罗说："您说得太对了，谢谢您的建议，我明天就都修改过来。"

柯罗生气地问他："为什么要明天，今天的事就应该今天做，不要等到明天！"青年画家听后，十分羞愧，立马拿出画笔修改。后来，青年画家有了一定的成就，绘画水平也更加高超了，他常对别人说，自己最感谢的人就是柯罗，正是他的那次生气，改变了自己的一生。

任何事情如果没有时间限定，就等于一座空中楼阁，美国麻省理工学院对三千名在职员工做了一个研究调查，发现凡是优秀的员工，都能做到精于安排时间，制定工作时间图表，这样能使工作效率大大提高。英国著名作家玛利亚·埃奇沃思说，如果不趁着一股新鲜劲儿，今天就执行自己的想法，那么，明天也不可能有机会将它们付诸实践，它们或者在你的忙忙碌碌中消散，或者陷入和迷失在好逸恶劳的泥淖之中。

伊文斯工业公司是一家在华尔街股票交易所保持长久生命力的公司，创始人伊文斯出生在一个贫苦的家庭里，做过报童，当过杂货店店员。创业之初，他替朋友背负了一张面额很大的支票，可是随着朋友的破产，债务全都算到了他的头上，祸不单行，存着他全部财产的银行也破产了，他不但损失了苦心积攒的所有财富，还负债两万美元。

接连的打击让他几近崩溃，此时伊文斯得了一种奇怪的病，有一天他走在路上的时候，突然昏厥在路边，此后就再也不能走路了。医生检查后告诉他，他只有两个星期生命了。

伊文斯面如死灰，但一想到只剩两星期的生命，还有什么放不开的呢？于是，他心情逐渐平和了，之前受的打击也被他丢在了一边。最终，奇迹出现了，两个星期后，伊文斯并没死；六个星期后，他又能走路了。经过这次生死考验，他明白患得患失是无济于事的，对于一个人来说，生命才是最宝贵的。

伊文斯一改以往的放荡，把握当下。原来一年赚两万美元的他，现在即使一个礼拜赚三十美元，也不会再失落了，因为过得很充实，时间没有浪费。正是这种乐观的心态，伊文斯工作效率比别人高了很多，不到几年，成立了伊文斯工业公司，走上了人生巅峰。

爱迪生说："科学是永无一日休息的，在已过的一万年间，他每分每秒都在工作，并且还要如此工作下去。"在爱迪生结婚那天，刚举行完结婚典礼，爱迪生突然想到一个解决当时还没实验成功的一个问题绝症的好点子，便悄声告诉了新娘，然后跑去做实验了。半夜时分，人们在实验室找到了爱迪生。门打开的时候，他正在聚精会神地做实验。突入的人着实把他吓了一跳，一看时间，才知道已经晚上十二点了。古今中外有成就的科学家，大多惜时如金，当天的事情当天就做。

毛泽东说："一万年太久，只争朝夕。"昨天属于死神，明天属于天地，只有今天，才属于你自己。所以，把握今天，去创造美好的明天吧。

提升电子邮件的效率

随着信息化时代的不断发展，电子商务就像是一场龙卷风席卷全球，毫无疑问，21 世纪是电子商务的时代。在职场中，很多人每天都要通过邮件与人打交道，在享受便捷交流方式的时候，不得不面对这样一个问题，"该如何整理这些数量庞大的邮件呢？"

对于企业管理人员来说，职位越高，所需要处理的邮件就会越多。据 Garter 研究公司的报告显示，美国员工平均每天要花费四十九分钟的时间处理大堆的电子邮件，而其中 24% 的人每天处理邮件的时间超过了一个小时，这是对工作时间极大的浪费，企业将因此损失大量的效能。可以说，邮件的整理不但是员工的烦恼，也是企业的痛处，所以，我们必须要用"整理术"对其进行整理。

首先，先创建三个文件夹："待处理""感兴趣""工作备忘"。通常，邮件箱只有一个"已处理邮件"的文件夹，人们习惯了把所有邮件都丢进去的方式，但是你要想，如果你又需要找到一个文件，你将要面对的是成千上万随意丢放的"垃圾"，找到你需要的将是一件非常困难的事情。

其次，将处理邮件的时间集中起来，做到每封邮件只读一次。很多人都有这样的毛病，一封邮件读过一遍后，会把内容记在心里，然后去读下一封，等所有的邮件都读过一遍之后，回过头再来处理邮件，这时候你会发现，你之前所做的都是无用功，邮件中的很多信息你都忘记了，然后你不得不再回过头重找。所以，处理邮件的时间要集中起来，对邮件分门别类，读过之后就立马去处理，这是一个很有效果的方法。

最后，及时清理你的邮件，请注意关键词"清理"，你所做的是一些与工作完全不相关的，类似"不转发就不是中国人这种文件"，通通地删掉，还有那些明显是广告的邮件，也别留情面。干净整洁的邮箱不但会让你心情放松，而且有助于你处理事情。

调整邮箱结构是有效管理时间的一种方法，但是要让节省出来的时间产生效益，才是我们最终的目的。《福布斯》杂志的创始人马尔柯姆·福布斯说："一封好的商务邮件，可以让你得到一次面试的机会，帮你摆脱困境，或者为你带来财富。"也就是说，写好邮件在一定程度上能够给职场人士带来很大的经济利益。

那如何才能在短时间内写出得体的邮件呢？我们也会为你介绍几个方法。

邮件的本质与其他任何文本一样，都是用来和别人交流沟通的，而需要强调一点的是，沟通并不仅仅是传递你的信息，而是被别人所理解的信息。如果了解到这一点，你也就明白了，在日常生活和工作中，我们所说的沟通障碍正是这种简单传递的单向沟通。

所以，写邮件时，一定要把网络上虚拟的对象想象成一个在你眼前、生龙活虎的人。你首先要明白的是，你与对方是生意伙伴关系，而他想要看到的，不是你的长篇大论，这不是在写小说，请直奔主题。在开头先把你的建议或者问题亮出来，让对方询问或者解答。

为了使文件更有条理性，可读性更强，建议你把邮件内容分门别类，逐条列举。而且，在邮件中，最好一次把内容清晰、完整、准确地交代出来，不要发类似"补充"或者"更正"之类的邮件让对方困惑。这会很让人反感。

在发送邮件之前，务必仔细阅读一遍，检查行文是否通顺，拼写是否有误，或者内容是否得当，这一点很重要。

在收到邮件进行回复时，也很有讲究，正如上文所述，收发邮件是双方的问题，如果你对别人不表示足够的尊重，又怎么会获得更多的机会呢？

收到别人的邮件后，请立即回复对方，如果置之不理，对方很可能会因为惦记着回复而不能安心工作，如果发件人是客户，你就会在他心中留下不好的印象。事实上，很多客户会根据对方回复邮件的快慢来衡量一个公司的工作态度，以及对方项目负责人的工作能力是否足够。

如果邮件内容事关重大，你没有办法立即明确回复，也请告诉对方"邮件已收到，我们正在商讨解决的办法"，千万别让对方苦等，破坏好不容易建立起来的信赖关系。如果你正在出差或休假，也应该设定自动回复功能，给发件人提示，以免影响工作。

回复对方邮件时，尽量做到详细，即使是一句"谢谢"，也别只是孤零零地发两个字表达。要切记，邮件中千万不能给对方模棱两可的回复，如果确实有难言之隐，请电话沟通，不要造成不必要的猜忌。如果同一个问题互发邮件超过三次，就证明这个问题不是三言两语可以说明白的，请选择面谈或者电话沟通。

管理邮件处理办法、优化邮件写作方式，时间上一加一减的变化，会为你带来真金白银的回报，切记。

十分钟也不能迟到

想要成为一个优秀的职业人，要有很多必备的职业素养，而守时绝对是其中的重中之重。很少有人愿意和一个不守时的人共事，就是怕他既耽误自己的时间，又耽误别人的时间，这种不信任感，绝对会影响一个人的前途。上班迟到是很多上班族会遇到的问题，如果一次两次迟到就算了，但如果你经常迟到，就会对你产生难以估量的损失。倡导早起，成为晨型人，一方面是倡导职业人早起提升职业技能；另一方面，就是要避免不守时这种情况的发生。

不知道你有没有在生活中听到这样的解释，"我每周上班都要迟到个两三次，如果不迟到都显得不太正常，早上按时起床对我来说简直是难如登天，尤其是冬天，棉被就像是怪兽，把我摁在里面不能动弹，再加上天寒地冻，又没有开水洗脸刷牙，冷水太过难受了"。

"我已经尽力了，不是我不想起，是闹铃声音太小了，我设了三个闹铃，从早上六点一直响到七点，但是声音小得我根本听不到啊。"

"我也想早点儿到啊，可是公司离家太远了，路上又堵车，我想早也早不起来啊。"

诸如此类的理由太多太多了，可以再列出几十条，简单的如身体不舒服、丢了钥匙，复杂的如水管漏水、扶老太太过马路，那又怎么样呢？不管什么理由都不能掩盖你迟到的事实啊。

不能早起而导致迟到的关键，是因为你没有认识到准时的重要性。

有这样一个故事，有一个叫王甲的年轻人，他工作能力十分出色，但就是有一个毛病——上班经常迟到，而且下班时走得还比别人早。看到他工作出色的份上，没有人指责他什么，直到有一次，一个客户和老板约好了时间要签合同。王甲仍然我行我素，没把早起放在心上，果然，第二天他还是迟到了。等他和老板一起驱车赶到客户那里时，尽管速度很快，他们只迟到了十分钟，客户还是走了。

这是一单大生意，老板连忙给对方打电话，客户很严肃地告诉他："小事见精神，小事见诚意。从你们迟到就能看出你们的态度，而且你要知道，准时赴约不只是一个人的事，老实说，在那十分钟里，我本可以预约另外两件重要的谈判项目！"

这时候，王甲仍然和老板狡辩："不就是十分钟嘛，稍微等一下就不行吗？"因为他的迟到，公司损失了一笔重大的收入，老板一气之下开除了王甲。

准时、守时是获取别人信任的关键，千万别觉得几分钟的问题无所谓。迟到不但会损害自己的形象，更有可能为了弥补过失浪费你更多的时间。相反地，准时甚至提前可以让你保持好的心态，有助于你成功。

在你的身边，从来不乏天赋异秉、才华横溢的人。但他们并不是都比你过得好，很多人就是因为时间观念问题屡屡受挫不得志。做一个晨型人的意义不单单是说你比别人更精神，也在于可以让你从容安排生活，不耽误别人，更不会耽误自己。

一定要时时告诫自己，十分钟也不能迟到，要从根本上杜绝迟到，做一个晨型人，一定要注意下面几个问题。

睡眠时间一定要足，你还记得妈妈常常在你耳边碎碎念，让你早睡的话吗？父母的话一定不会是害你的。事实上，科学研究也显示，十八岁到六十四岁的人每天都需要七到九个小时的睡眠时间，如果你晚上玩游戏看手机直到半夜两点，还要让你早上六点爬起来去上班，这确实是很难，即使你去了办公室，也是头晕目眩瞌睡不断。更何况这种有违健康的行为，你真的可以坚持下去吗？那么迟到你也别想避免。

千万不要挂上厚不透光的窗帘，伸手不见五指的环境会扰乱你身体的判断，很难区分时间长短。你以为拉上窗帘可以让你睡得更舒服，可这也恰恰是害你天天迟到的罪魁祸首。举个很简单的例子，冬天日出的时间比较晚，所以你总会有身处深夜的时间错觉。别耍小聪明，骗了你的身体，请换上柔和的窗帘，让阳光唤醒你的意识。

不要让闹钟成为摆设，让设闹铃成为一种形式。想想看，闹钟响起来你一般会选择怎样做？是不是翻个身子，毫不犹豫地按下了停止？或者你假装心里纠结，扭扭捏捏地轻轻按下停止？心里想着，我只再睡五分钟，结果你下次睁眼的时候，已经不可能不迟到了。不要给自己的早起计划留下漏洞，把闹钟放在一个需要你起床才能按停止的地方，或者干脆设置一个很复杂的解密过程，让闹钟停止成一个难题。

把自己的未来压在早晨上，把最重要的事情放在早晨。为什么你会迟到？想想看，你早上都干了什么？担忧今天、回想昨天？每天都过得这么累，一醒来就是满身的压力，还怎么能有积极性早起？好好规划一下自己的未来，利用这段时间做点儿有意义的事情。

不要把打扮自己放在首位。爱美之心人皆有之，但身在职场的你，这真的值得你耗费大半的早起时间吗？你总是站在镜子前，来回搭配上衣和裤子，然后总感觉不合适，然后就打开衣柜，继续匹配。往往匹配到"合适"的时间，就是你再不出门就要迟到的时间。因此，请在睡觉之前就想好第二天要穿什么，这只需要你躺在床上，迷迷糊糊的三五分钟而已！

别把昨天的事情留到今天早上做。现在上班族都流行自带午餐，这可以为自己省下一大笔开销。但是往往起床的时候，面对的是昨天没洗的饭盒，你不得不花费时间来洗，然后又会注意到脏乱的柜台、湿润的灶台，半个多小时就在你心烦意乱中流逝了。

不要刷手机、不要看电视、不要开电脑，新闻每天都层出不穷，各种另类的营销都想着吸引你的眼球，当你决定打开电子产品的那一瞬间，就已经注定了你不能早起，或者即使早起，也要迟到的命运。

做一个晨型人吧，即使十分钟也不要迟到，不要让这小小的细节耽误你一辈子。

想长寿，请早起

当你花费大量时间和金钱在治病上时，你可曾想过，不久前你还是一副生龙活虎的样子，怎么就突然不行了呢？人与自然比起来不过是一粒微尘，倘若想翻出什么浪花，必然只有融入自然，按照自然的法则，才能"长生久视"，完成自己的人生目标。当微尘脱离自然时，就会瞬生瞬灭。这就是你得病的原因，一些有违自然规律的生活习惯掏空了你看似强壮的身子。而早睡早起就是一条不可违背的自然法则。

以前没有电，到了晚上只有月光，野兽猛禽在自然中游荡，人类是无法行动的，所以只得夜伏昼出，这种行为我们至今还保留着，怕黑就是这个原因。可以说，我们身体的调节就是按照昼伏夜出的习惯设定的。如果你熬夜晚起，体内的一切代谢活动就会紊乱。

所以你知道早睡早起的重要性了吧，一个生动的比喻是，白天好比是在放电，晚上好比是在充电，如果你晚上只充 50% 的电，白天还要放 100% 的能量，你觉得可能吗？事实上，很多人会说，我就是这样的啊，即使不睡觉白天仍然活力无限。这就是你生病的原因，当能量不够的时候，你在和五脏借！五脏在古书中为"五藏"，是"藏"的意思，藏的就是人体的精华，你总是借、总是借，一般人借 15 年身体就垮了。所以我们说年轻的时候什么感觉都没有，一到四五十岁时，病就全来了，其实这是一段有很长时间从量变到质变的转化时间的。

地球在太阳系中的位置相对于人短暂生命的时间而言是固定的，如果你不是从南极跑到北极，或者从亚热带跑到赤道附近，可以这么说，人生活的大环境是固定的。当冬季来临，你穿厚重衣服就不会有什么问题，但如果你体内还没有调整过来，就会跟不上天道循环，人道循环与天道循环背离的时候，就是你得病的时候。

培养符合自然的生活习惯和思维方式对我们的身心健康乃至事业和工作都有很大的裨益。《黄帝内经·素问·四气调神大论》中有"春夏养阳，秋冬养阴"之说，一年分四季，一天的温度变化，也正是一年的浓缩。凌晨三点到上午九点为日春，九点到十五点为日夏，十五点到二十一点为日秋，二十一点到凌晨三点为日冬。日春时，阳气从肝出生，就像春天播种下庄稼的种子；日夏时，阳气在心里长，庄稼在阳光的照射下茁壮成长；日秋时，阳气渐渐地往肺里收，庄稼成熟了，要秋收割麦子；到了日冬，阳气要完全藏进肾里面去，收获的庄稼装袋入库，来年也就是第二天再播种。这是阳气一天的生长收藏的过程，少了哪一个环节都不会有好收成。

一年有二十四个节气，一天也是一年的缩影，也是有二十四节气的。三点立春，四点雨水，五点惊蛰。惊蛰，"众蛰各潜骇，草木纵横舒"，"蛰"为冬眠的动物，"惊蛰"即意味着蛰伏的动物在这个节气惊醒，包括狗熊、蛇、青蛙、虫子等，不是有人挨家挨户地去叫它们起床，动物能感觉到天地之间阳气的变化，所以它们都醒了。人也是高级动物，但是人们过多地自我削弱了对客观自然的感知度。敏感的人早五点左右会醒来，不醒也睡得不那么沉了；不敏感的人，还是呼呼大睡。

五点的时候，正是人体内的蛰伏期，这时候，人体的阳气要生起来，就像完成春天的播种一样。如何生起来？只有一个途径，就是"春主醒、主动"，到五点的时候，你必须醒了，而且醒了以后必须起来活动，一动，人的阳气就生起来了。可能前一分钟还躺在床上感觉特别困，在为起或不起作思想斗争。当一分钟以后，你真正穿衣服起来一活动的时候，就感觉突然不困了，为什么，阳气生起来了。活动半个小时，一会儿困了可以睡回笼觉。

这里谈到的睡觉时间是时间区间的问题，而不是睡觉时间长短的问题。很多人觉得自己一天睡了十多个小时，身体就健康了，这是不对的。打个比方，一个农民，经过了冬天的休息后，到了春天该播种了，别人都去忙田，他却在家睡觉，等错过了时间再播种，怎么可能有收成呢？农时是这样，人的身体作息何尝又不是这样。晚上九点到凌晨三点为冬日，冬主避藏，是极佳的睡眠时间。如果你晚睡一个小时，你第二天再多睡几个小时都补不回来。

这就是"睡眠是第一大补"的来源。对于学生，建议早上四五点起床学习，如果累了，可以在上学前再睡半个小时。这是不违背规律的。而上班的人也应该按照这种作息来安排生活，少熬夜，别错过了"播种"的时间。如果条件可以，最好不要上夜班，太伤身体。

早起是人健康长寿中必不可少的一环，顺应天道循环，追求天人合一的生活方式，这才是我们这些"微尘"应有的处世态度。

长期坚持早起会给你带来的六大改变

现在，越来越多的年轻人开始选择早起，做一个晨型人，他们"喊着嘹亮的口号"，告诉身边每一个朋友，他在坚持早起，他很骄傲。比起晚上漫无目的地看电视、看网页和刷手机，早起更让他们欣喜：一段多出来的从容和专注的时光、一个清醒的头脑和健康的身体，甚至先人一步的成功步履，更重要的是拥有前所未有的自信感。长期坚持早起会给你带来什么样的改变呢？

改变一：起床不再感到痛苦。这就是一个巨大的改变。都市纸醉金迷的夜生活让人难以脱身，不熬夜到凌晨一点仿佛自己都没活着一样，再让你早上四点多爬起来？简直是要人命。凡是起床困难爱睡懒觉的人，如果坚持早起，刚开始会十分痛苦，但是长期坚持下来，就会慢慢习惯了，基本早晨都会自然醒，闹钟也会成为摆设。常常人醒了闹钟还没醒，这不是说笑。当你下定决心做一个晨型人，一切问题都不是问题，前提是你要坚持下来。

改变二：白天时间加长了，感觉有用不完的时间。从时间长度上来说，其实和原来是一样的，但从头脑清醒的时间的长度来说，确实加长了。以前早上九点起床，磨蹭到十点多，调整一下心态就到中午了，一上午压根什么都没做。这就好比你在和一个喜欢的人聊天，你根本感觉不到时间的流逝；但如果让你在这段时间读书，恐怕你就会觉得很漫长。漫无目的地消磨时间是很可怕的，很多人在问，时间都去哪儿了？其实，时间就在那儿，只不过你没注意罢了。

改变三：时间安排更合理了。很多人在疑惑，早睡早起和晚睡晚起有什么区别吗？从长度上看，确实没有区别；但是从时间刻度上你要做的事情来看，是有很大区别的。通常我们都是早餐八点，午餐十二点，晚餐六点或者八点。那么如果你晚起，会发生什么情况呢？八点的早餐时间你要挪到九点吃，而九点正好是要上班的时间，这造成了时间的重叠。所以很多人选择不吃早餐，不吃早餐的恶果大家都知道，不但工作没精神，而且身体也会出现问题。再者，如果你晚起，本来要吃午餐的十二点，你又会有很多上午堆积的工作没有做完，怎么办，不吃午餐？大部分人不是这么做的，而是选择囫囵吞枣地凑合一顿，快速地回到工作中去。到了晚餐时间就更可怕了，极大可能是一天的忙碌工作并没有完成，不得不推迟晚饭时间，而八九点的时候，夜生活又要开始了，晚饭恐怕也只能随便吃点儿了。其实恶果不单单是发生在吃饭这件事上，只不过民以食为天，吃是个大事，关乎你的身体和生命啊，所以以此为例。但是早起就完全不会发生这种状况了。

改变四：身体健康、精力充沛。前段时间工作事情多，生活时间很混乱，没过多久就感觉头晕，一到晚上就觉得压力好大，觉都睡不好。甚至有时候穿着衣服趴倒在电脑桌前，明明没睡好，第二天早晨还是疲惫地起床了，感觉身体很难受。后来一想，这样也不是办法，于是开始坚持早起，从痛苦坚持到自然而然，现在完全摆脱了那种混乱的生活。其实仔细一想，人类可能太高估自己的进化程度而忽视了自身的动物属性了。我们比之其他动物，长于智力，但即使这样，也逃脱不了自然的束缚。日出而作、四季变换，世间万物都有自己的运作规律，我们人类自然难以摆脱这些亘古不变的规律的影响，古人天人合一的理论就是对混乱生活习惯最好的打击。当你长期坚持早起，太阳升起时醒来，太阳落下时休息，你会健康长寿精力充沛的。

改变五：保持积极向上的生活态度。每天早晨醒来，不会有工作的压力，离上班时间还很早，可以痛痛快快地看看书、锻炼锻炼身体，提升自我素养，提高生活水平，这是多么美好的事情。很多人不是不想进步，而是忙碌的生活让他无所适从。每天从早到晚的工作让他找不到任何提升自己的可能，晚上回到家，疲惫的身心已经不能支持他再学习了。所以，不妨试试晨型人的生活方式，时间真的会变得充裕起来，每天坚持一小会儿，你的人生将会有大改观。

改变六：生活变得充实起来。利用清晨的时间，你可以做很多喜欢的事情，比如养养花或者茶艺书法；如果你喜欢摄影，也可以清晨出去，一定会拍到前所未见的美景。人活着不单单是为了不饿死，也应该有追求，做一些让自己放松的小活动，让你的生活压力顿时减少很多。

在现在都市生活中，绝大部分人都不可能完全放弃晚间的社交和娱乐活动，坚持做到晚上八点睡觉四点起床，这种方法只是"看上去不错"，要让他们坚持每天早起是一件很困难的事。

但不管是晨型人也好，夜型人也罢，简单地用好坏区分是不科学的。关键在于，这是不是你主动选择的类型？是不是你经过探索尝试找到的适合自己的办法？无论哪种生活，能让你真正感到喜悦和轻松的才是最重要的。如果你决心改变浑浑噩噩的生活，做一个晨型人，你总会感觉到如上六种大变化。你决定试试吗？或许这就是你喜欢的那种型。

The 3st
Chapter

战术篇

——如何成为早起的鸟儿

早安，阳光

每天清晨，一睁眼，除了红彤彤的太阳，就数叽叽喳喳的鸟叫声让你记忆犹新了。生活中，也有些"叽叽喳喳的鸟儿"在你周围叫个不停，他们工作起来得心应手，事事有条不紊，每天都显得很高兴。或许，你有些心生嫉妒——他们太干练了，几乎抢了你的饭碗。你也许曾立志早起，丢掉懒散的生活，可最终还是没能成功。其实，还有些方法的问题，这里就有几招，教你如何成为"早起鸟"，同时又可以享受到早起的乐趣。

1. 早睡觉

鱼和熊掌不可兼得，一方面，你想熬夜看电视、上网，或者是泡吧、打游戏；另一方面，你又想早起，提高效率，获得事业上的成功，这显然是不现实的。人的精力有限，你只能选择对你重要的。你要想好，是要一个辉煌的前程，还是一个苟且的现在。所以，晚睡和早起你一定要放弃一个。我想，聪明的你已经做好了决定，如果你能早睡，那么早起时并不会感到痛苦，而且这个习惯一旦养成，你会惊奇与之俱来的舒畅感。

2. 养成早睡早起的习惯

我们都知道，人有生物钟这种说法。如果你长时间地坚持一件事情，身体就会形成规律，即使你没有特意的要求，身体也会按照既定流程运行，这就像是电脑程序一样。但是，你要制订好这个程序。制订一个适当的睡眠时间表，制订一个早起的计划，然后坚决地执行，将它锻炼成你的日常生活程序，一段时间后，你再也不会觉得早起是个难题了。

3. 睡前不吃东西

正在漫长的减肥道路上挣扎的朋友看了这个标题，一定会苦涩地一笑。我知道，睡前啃几口零食，对几乎所有的人都有难以抗拒的诱惑。但是，如果你想早点儿醒来，还要精神饱满，这样做绝对是不可以的。人在睡眠的时候，身体会得到充分的休息和修复，但是如果你这个时候进食，身体大量的能量会被用在消化食物上，一方面对你的身体不好；另一方面，它会让你辗转反侧难以入睡。即使你睡着了，足睡八个小时后，醒来仍会感到疲乏无力，看似你在休息，其实，为了消化你那一时快感填入腹中的食物，身体一刻都没有停息地在运作。总之，请拒绝睡前啃零食，这点很重要。

4. 减少咖啡因摄入量

这一点或许显而易见，但是，明确提出来也很有必要，过多地摄入咖啡因，你会在晚上十一点半时仍处于兴奋中。一般喝咖啡要选择在清晨，这有助于精神集中。而下午之后，如果你仍然持续地摄入咖啡因，喝咖啡或者含有咖啡因的饮料，那么你晚上很有可能会失眠，如果你真的感觉有必要"提神"来度过难熬的下午，适当地来点儿小食品是个不错的选择。

5. 睡前不宜饮酒

"何以解忧，唯有杜康。"很多人觉得睡前来点儿小酒是个不错的主意，既可以忘掉忧愁，又可以促进睡眠。其实，这是不科学的。喝酒只会让你感觉昏昏沉沉，它会增加你的深度睡眠周期，并且剥夺你快速眼动睡眠的能力。闹钟响起的时候，你还是会觉得疲劳，想要按下"停止"按钮的冲动更加强烈，顺便说一下，快速眼动睡眠也是正常学习和记忆功能所需要的，所以不要妄图用喝酒来催眠。

6. 为早起找个合适的理由

很多人不是不能早起，而是不知道为什么要早起，这才是关键。所以，给自己找一个要早起的理由，这样你就会有动力。必要的话，可以给早起的自己来点儿奖励，或者是好吃的东西，或者是感兴趣的小玩意儿，总之，要让自己从早起中找到快乐。

7. 把理由变成挑战

有了早起的理由，那就让它成为一种挑战吧！不要让自己重蹈覆辙或朝三暮四。告诉自己，你可以而且会早起来完成这些任务，你有能力养成早起的习惯。真正拖你后腿的人只有你自己。对于那些争强好胜的人，可以尝试着多设几个闹钟，让它不停地响，彻底打消你想要睡觉的念头。

8. 开始锻炼

锻炼会为早起提供极好的助力。首先，因为下午或晚上做适当的锻炼会让你精力旺盛，而且令你有早睡的需要。其次，早晨锻炼不仅能保持你在早晨精神百倍，而且还会精神一整天。这两种说法似乎互相矛盾，但是，我可以向你保证，它们都奏效。

9. 把闹钟放在够不到的地方

最古老最有技巧同时也是最有效果的办法，就是把烦人的闹钟放在房间的另一头，强迫自己起床。如果它就在你的床边的话，你会不自觉地把它关上，然后继续打盹儿。如果它离你的床很远的话，你不得不离开床才能把它关上。但是这时候，你已经站起来了，你就不得不起床了。关上闹钟之后立刻走出卧室。不要允许自己再回到床上，强制自己走出房间。等到洗完脸后，已经足够清醒来面对新的一天。不要给自己找理由回到床上。如果你允许头脑中有个想法告诉你不要早起的话，那你永远也做不到早起。

10. 安心地、放松地上床睡觉

不论是兴奋还是紧张，都会使你难以入睡。努力安心地、放松地上床。在这方面，如果你需要小建议，那我推荐冥想，抑或一杯令人放松的甘菊茶。

11. 预先计划好一顿令人垂涎的早餐

当所有的努力都没能成功时，食物可以做撒手锏。真的，如果知道有一顿美味的早餐在等我，我会迫不及待地钻出被窝。我说的"美味""令人垂涎"，并不意味着早餐有多丰盛。而是自己十分爱吃的，比如你爱吃包子，那么它可以是一顿包子宴；如果你爱吃油条，那么它就是油条宴，总之，是你能为之早起的就好。

12. 不要做太大的变动

慢慢地去开始改变，一次只比原来早起 15 ～ 30 分钟。适应一段时间后，再提前 15 分钟。逐步地去这样做，直到你能够在设定的目标时间起床。

13. 充分利用早起的时间

不要将早起一个或两个小时仅仅用作阅读你的博客（或者其他不是很重要的事情），除非那是你的主要目标。不要早起后浪费那宝贵的时间，开始新的一天吧。我喜欢利用这段时间来考虑如何准备孩子的午餐，计划今天要做的事情，做早操或者冥想，以及阅读。大概在六点半，我已经做完许多人一天要做的事情。

成功人士在上午八点前会做的五件事

　　"太累了，睡个回笼觉吧"，这几乎是每一个早起人的心声。事实上，你大可以不这样做就能拥有饱满的精神，对于早晨起床不想上班的人，我给你提出一些建议，事实证明，这是行之有效的。

　　但是，所有建议的前提是，你早睡了，这很重要。如果你期望晚上一两点睡觉，又可以早晨四五点起，这无疑是一种透支身体的行为，你能起得来才怪。所以，如果你想改掉晚起的恶习，那么请先早睡。

　　给你早起的第一点建议是，拉开窗帘，打开窗户。

　　打开窗户都可以理解，让空气流通，一口清新的空气会让你体内含氧量瞬间增加，很利于你的清醒。而拉开窗帘的原因很多人不知道。正常人都是白天精神晚上犯困，人昼伏夜出的背后，与人体分泌的激素有很大的关系。

　　我们身体中有一种叫褪黑色素的分泌物，它是由光照和血清素能神经调节的。白天光照充足，它分泌较少；而到了晚上，体内褪黑色素含量就会提高。如果压力增大、缺乏睡眠、营养不良和缺乏锻炼，血清素分泌就会下降。在降低到需要数量以下时，人们就会出现注意力集中困难等问题，会间接影响个人的计划和组织能力。这种情况还经常伴随压力和厌倦感，如果血清素水平进一步下降，还会引起抑郁。所以当你拉开窗帘，沐浴朝阳的时候，就会精神起来。

　　早晨起来，做一些柔和的运动同样是个好办法。这会有效促进你全身血液的循环，促进大脑供氧量的上升，而且，适当的运动会提升身体温度，两方面的作用可谓一箭双雕。

　　无论是冬天还是夏天，最好直接用冷水洗脸。这样有两点好处，第一，可以快速清醒，增强免疫力。第二，冷水有美容作用，对皮肤更好。当然如果在特别冷的地方，还是用温水吧。而且，如果起床后能洗个热水澡，可以很好地消除你的疲惫感，促进全身血液循环。

早晨起来，听一些比较舒缓、愉悦的音乐，甚至节奏特别快的也行，你可以一边听着起床音乐一边穿衣服，这会将你疲劳的注意力转移到美好的生活上，整个人的状态会随着音乐的节奏迅速清醒。

一顿美味的早餐绝对是提神的不二良方。多来点儿鸡蛋、火腿、牛奶之类的高营养食物，它们要富含糖分。如果起床后感到身体无力，还可以来点儿巧克力和香蕉，因为甜食可以马上转化成能量，让你充满活力。你也可以选择喝一点儿刺激性的提神饮料，比如咖啡、红茶，它们含有咖啡因，对提神很有作用。

起得早是一方面，如何让自己精神抖擞地去工作，还要在心理上武装自己。出门前，对着镜子整理好着装，告诉自己，今天一定会努力工作，脑子放空，不要想工作，想着自己的理想，强大的驱动力会让你很快进入兴奋状态。

事实上，大部分成功的人都很注重利用早上的时间。苹果公司 CEO 蒂姆·库克早上五点在健身房，乔布斯六点开始工作，英国"铁娘子"撒切尔夫人每天凌晨五点准时起床，善于利用晨光很可能是掌握成功和健康人生的关键。早起，也是很多成功人士、企业长官以及政府官员和其他有影响力人物之间的共同点。据调查表明，早起的人做事比较积极而且效率较高，我们对他们的行为做了总结，发现成功人士通常在上午八点之前会做下面五件事：

一、运动

不论是参加集体跑步还是到健身房报到，上班前运动是大部分成功人士喜欢做的事情，尤其是在清晨，适当的锻炼能使你接下来的一天精神饱满，并带来满满的成就感。或许很多人对凌晨五点出门慢跑不感兴趣，那么试着在床边做几个仰卧起坐、俯卧撑等简单的动作也是个不错的选择；再不行，就提前起床十五分钟，抻一抻身体也可以。

二、规划行程

清晨通常不会有人打扰你，安静的环境再加上你平静的心理，在这种情况下做规划效率最高，早起十几分钟，规划当日的行程表、本日的目标和待办事项，这样可以激发你的动力。一个人在早晨较容易进行反思，这对安排哪些事该优先处理很有帮助。但在安排行程之际，别忘记兼顾自己的心理健康。在充满压力的会议后，不妨安排十分钟散步时间或坐在办公桌前沉淀思绪。此外若要吃得健康，那就在晚上安插一段采买时间，以购买隔天带到办公室的营养餐。

三、吃早餐

善于利用早晨时间，为身体补充足够的能量以应对一整天的工作，这很重要。我们都有过饥肠辘辘上班的经历，看着窗外的餐车，恨不得马上飞出去。吃早餐有助于专注工作。此外，和家人一起吃早餐，可以联络家人感情，花五到十分钟陪家人聊聊天，带着好心情去工作，这是多么美妙的一件事。

四、冥想

一直谈论关于身体健康的话题，有时候会忽略心理健康。早晨是安静冥想的绝佳时间。花点时间思考接下来的一天，专注于想获得的成就。即使是一分钟的冥想和正向思考，也能帮助调整情绪和对工作的看法。

五、困难的先做

每个人的待办事项中，都会有一两件最不愿碰触的事，这件事会困扰你一天，直到你最终解决它。所以，为什么不先处理这件事呢？将待办事项中最讨厌的任务放在最前面完成，不要让它扰乱你的思绪，在别的工作中分神。并且，如果你能较早地处理好困难的工作，接下来便会越来越轻松，下班后，你就可以抱着轻松的心情迎接明天。

目标，让晨间的时间更有意义

有一年，一群意气风发的骄子从美国哈佛大学毕业，他们的智力、学历等条件都相差无几。在临出发时，哈佛大学对他们进行了一次关于人生目标的调查。结果是这样的：

27%的人没有目标；60%的人目标模糊；10%的人有清晰但比较短期的目标；3%的人有清晰且长期的目标。

25年后，哈佛大学再次对这群学生进行了跟踪调查。结果又是这样的：

3%——几乎不曾更改过自己的人生目标。25年后，他们几乎都成了社会各界顶尖成功人士，他们中不乏白手创业者、行业领袖、社会精英。

10%——大都生活在社会的中上层。其共同特点是那些短期目标不断地被达到，生活质量稳步上升。他们成为各行各业中不可缺少的专业人士，如医生、律师、工程师、高级主管等。

60%——几乎都生活在社会的中下层。他们能安稳地生活与工作，但都没有什么特别的成绩。

27%——几乎都生活在社会的最底层，生活都过得很不如意，常常失业，靠社会救济，常常在抱怨他人，抱怨社会。

可见，有目标的人，成功率要比没有目标的人大。人生就好比下棋，如果走一步看一步，则必死无疑。篮球巨星姚明曾说："人如果有目标的话，他就会尽全力达到目标；如果没有目标，他就会松懈下来。"一个没有目标的人，就像一艘没有舵的船，只能随波逐流，最终在绝望、失败、消沉的海滩上搁浅。

美国 19 世纪哲学家、诗人爱默生说："一心向着自己目标前进的人，整个世界都会给他让路。"目标设定是实现梦想的第一步，勇敢地踏出，并且百折不挠，你才能够到达成功的彼岸。若是在行进的途中忘了目标，不管你怎样奋力拼搏，你都只能在原地打转。

这是一个真实的故事。1952 年 7 月 4 日清晨，加利福尼亚海岸泛起了淡淡的薄雾。在海岸以西二十一英里的卡塔林纳岛上，一个三十四岁的女人正在涉水投入太平洋的怀抱，开始向加州海岸游去。假如成功，她将是第一个游过这个海峡的女性。这位女士名叫费劳伦丝·科德威克。在来到这里之前，她已经成功地渡过了不少海峡，包括成为从英法两边海岸游渡英吉利海峡的第一位女性。

这天凌晨，她做好了游渡前的最后准备。尽管太平洋的海水冻得她浑身发麻。但她仍然果敢地划动海水，自信地向前游去，因为她相信，目标就在前面。

时间一小时一小时地过去了，成千上万的人在电视机前关注着她。有好几次鲨鱼靠近了她，但都被护送船只上的人开枪吓跑了。她在为自己加油，在向着目的地游去。在以往这类渡海游泳中，她的最大问题不是疲劳，而是刺骨的水温。

十五个小时过去了，她被冰冷的海水冻得身体几乎发僵，但她依然在向前游着。然而，这时加州海岸的雾气越来越浓，并逐渐向大海深处蔓延开去。由于雾很大，科德威克连护送自己的船只都无法看清楚。电视观众和在场的人们突然发现，她好像有些犹豫，不想再游下去了。

果然，她很快就对不远处的船上的人呼喊，希望他们把她拉到船上去。她的母亲和教练就在另一条船上，他们告诉她海岸已经非常近了，千万不要放弃。但是，她朝加州海岸看过去，除了浓浓的大雾，什么也看不到，她开始感到有些心慌意乱，力不从心。她勉强再坚持了几十分钟，终于发出略带惶恐的呼救声！人们把她拉上了船，她在水里一共游了十五小时零五十五分钟。当她在船上渐渐地感觉到温暖时，一股强烈的失败感袭上心头。

当记者采访她时，她略有所思地说："说句心里话，我并不是在给自己找借口。但是，要是当时我能看见海岸线，也许我能坚持下来。"因为人们在拉她上船时，已经告诉她，她离加州海岸只有半英里远！后来，她说："真正令我半途而废的不是疲劳，也不是寒冷，而是在浓雾中看不到目的地。我失去了目标，不知道它究竟有多远，它令我感到了一种没有尽头的恐惧。"

科德威克女士一生中就只有这一次没有坚持到底。两个月后，她重整旗鼓，成功地游过了这个海峡。她也因此成为第一位游过卡塔林纳海峡的女性，而且比男子的纪录还快了大约两个小时。

古罗马政治家塞涅卡说："有些人活着没有任何目标，他们在世间行走，就像河中一棵水草，他们不是行走，而是随波逐流。"每个人都应该树立一个明确的目标，当我们对这个目标的追求变成一种执着时，你就会发现，成功并不像你想象的那么难。

制定目标有一个黄金准则——SMART原则。SMART原则最初由管理学大师彼得·德鲁克提出，首先出现于他的著作《管理实践》一书中，该书于1954年出版。根据彼得·德鲁克的说法，管理人员一定要避免落入"活动陷阱"，不能只顾低头拉车，而不抬头看路，最终忘了自己的主要目标。

制定目标看似一件简单的事情，每个人都有过制定目标的经历，但如果要让制定的目标更加有效，必须学习并掌握SMART原则。

（1）明确性（Specific）

所谓明确性，就是指制定目标必须明确而不笼统，明确的目标几乎是所有成功团队的一致特点。

父亲带着三个儿子到草原上猎杀野兔。在到达目的地，一切准备妥当、开始行动之前，父亲向三个儿子提出了一个问题：

"你看到了什么呢？"

老大回答道："我看到了我们手里的猎枪、在草原上奔跑的野兔，还有一望无际的草原。"

父亲摇摇头说："不对。"

老二的回答是："我看到了爸爸、大哥、弟弟、猎枪、野兔，还有茫茫无际的草原。"

父亲又摇摇头说："不对。"

而老三的回答只有一句话："我只看到了野兔。"

这时父亲才说："你答对了。"

明确的目标是指引一个人行动的指南针，只有设定了明确的目标，你才能有的放矢，你才会把力量集中到一点，你才会成功。

（2）可衡量性（Measurable）

制定目标时，需要注意目标的可衡量性。既然目标需要达成，那么目标就要可衡量，才能计算达成度。

如果制定的目标没有办法衡量，就无法判断这个目标是否实现。比如领导有一天问："这个目标离实现大概有多远？"团队成员的回答是："我们早实现了。"这就是领导和下属对团队目标所产生的一种分歧，原因就在于没有给它一个定量的可以衡量的分析数据。

（3）可接受性（Achievable）

目标的设定是为了让人所执行的，如果上司用一些强硬的手段把自己所指定的目标强压给下属，下属典型的反应是一种心理和行为上的抗拒："我虽然接受了，但我不能保证能够做到。"一旦有一天目标没有实现，下属就会有很多理由来推卸责任："我早就说过，这个目标太高了，没人能完成。"

（4）实际性（Realistic）

目标的实际性是指在现实条件下是否可行、可操作。所以，目标一定要适合自己，不能将目标定得太高或者太低。目标必须务实，才有可能执行，不易打退堂鼓。

（5）时限性（Time-based）

目标的时限性就是指目标是有时间限制的。例如，你不能把目标简单地定为"将用户满意度提高20%"，而是要为目标限定一个时间期限，如"在未来五个月内，将用户满意度提高20%"。这是制定一个现实的、可实现的目标的最后一个环节。

　　总之，无论是制定团队目标，还是制定个人目标，都必须符合上述原则，五个原则缺一不可。这样，你才能够最大限度地利用时间，才能永远保持旺盛的活力，一个接一个地实现目标。

每天早起三个小时，在时间上跑到别人的前面

诺贝尔和平奖得主特蕾莎修女曾经说过："生活在现代的都市人，最缺乏、最渴望的就是内心的平静。"的确，都市生活让人眼花缭乱，人们难以再平静下来，变得十分浮躁。不管是看书还是做事，都想一蹴而就。其实，如果你能每天早起三个小时，你就会从喧嚣的都市中解脱出来，获得一段弥足珍贵的平静时光。时间管理大师哈林·史密斯就积极倡导"神奇的三小时"概念，他鼓励人们自觉早睡早起，每天五点起床，比别人更早地展开新的一天，在时间上跑到别人前面。

早起的好处很多，在清晨你早起的这段时间，一般不会有人打电话骚扰你，你是放松的，可以全身心地投入工作当中，而且，养成早睡早起的习惯，对你的身体也好处多多。古今很多名人都把早起当作养生秘籍传授给子孙后代。早起可以让你一天精力充沛、思路清晰，工作效率更高。

奉行"神奇的三小时"的人，比别人更加容易成功，曾经有个外国年轻人的案例，激励了很多人。他的名字叫道尼斯，比之同龄人或者同学，在别人还在为了保住饭碗而苦苦挣扎的时候，他已经顺利地完成了由白领向金领的过渡，事业爱情双丰收，可谓人生赢家。

当别人问及他成功的秘籍时，道尼斯的回答很简单：每天早到半小时，每天晚走半小时。

其实，道尼斯也不是一开始就是这样，他刚开始为杜兰特先生工作时，职位并不高，他也像大部分人一样，每天苦苦挣扎，感觉手上的工作总也做不完，没有时间陪家人，更别说做自己喜欢的事了。尽管道尼斯也很拼命地工

作，但是他的业绩却不高。

好在道尼斯有一个从事了一辈子管理工作的父亲，在一次道尼斯和他的诉苦中，他知道了道尼斯的困惑，于是，他用自己的人生经验教导道尼斯：你能不能试一试，每天早到公司半小时，每天比别人晚走半小时？道尼斯虽然不确信这样是否有效，但他还是照做了。

第二天，道尼斯起了一个大早，为了早去半小时，他不得不早起一个小时。当他出门以后，明媚的阳光让他神清气爽。来到公交车站，原来需要等的公交车很快就到了，甚至车上还有空座位，要知道在平时，根本不可能出现这种情况。而且，因为还没有到上班高峰期，路上的交通也没出现堵塞，他很快就到了公司。

坐在车上，道尼斯感觉十分轻松，他有意无意地把一天的工作整理出了一个头绪。原本打算早到半个小时的他，因为顺畅的路途，他硬是比平时早到了一个小时。同事还没有到，道尼斯在办公室伸展了一下手脚，然后听着一段音乐，吃些早餐，开始为一天的工作做准备。

当同事们匆匆赶到，手忙脚乱地打开抽屉时，道尼斯已经泡好一杯热咖啡，有条不紊地按照计划工作了。由于精神集中，还没到中午，道尼斯所计划的任务就都完成了。他得以抽空看会儿杂志，或者趴在桌子上放松一下。

下午和上午大同小异，早来的那一个小时起了连锁反应。

当所有人听到下班铃声离开后，他听从父亲的话，没有早走，而是静静地坐着，整理资料，总结一天的工作，为明天做一下计划。有时候，他还会帮杜兰特先生处理一些杂事，他回忆说："在为杜兰特先生工作之初，我就注意到，每天下班后，所有的人都回家了，杜兰特先生仍然会留在办公室里继续工作到很晚。因此，我决定下班后也留在办公室里。是的，的确没有人要求我这样做，但我认为自己应该留下来，在需要时为杜兰特先生提供一些帮助。工作时，杜兰特先生经常找文件、打印材料，最初这些工作都是他亲自来做的。很快，他就发现我随时在等待他的召唤，并且逐渐养成了招呼我的习惯……"

后来，杜兰特先生习惯了道尼斯的"服务"，每当找东西或者有事的时候，想到的总是道尼斯，就是因为早到半小时，晚走半小时的习惯，道尼斯获得了比别人更快的提拔、更多的薪酬。早到半小时，别以为没有人会看到，说不定老板早就注意到你了呢。如果你能提前半个小时到公司，就说明你非常重视这份工作。

　　早到半小时，晚走半小时，体现的是你对工作的重视程度，是对工作的激情。当你激情百倍地投入工作中时，你的工作状态和工作效率就会有明显的提升，工作带给你的成就感也会增多。主动付出时间，努力做事，职场成功的秘密就在于此。

分身有术：十招提高清晨效率

即使你没有早起的习惯，将时间用在了熬夜的快活中，清晨还是能在你睡眼朦胧的时候，无声地从你一天的时间里"吸走"那么几分钟，甚至是几小时。除了那些成功人士，大部分人仍然没有发现其中的价值，懵懵懂懂地比别人少活一段时间。不过运好，清晨同样也能把时间轻而易举地还给你，你所要做的就是保持条理、采取高效的方法。当然，在建立起新的清晨行动模式之前，你得先厘清你现在的生活模式，这便是拥有高效清晨的第一步。

第一步：记录自己的行程表。

要改变现在的模式，首先你要知道现在的模式究竟是什么。找一张纸、一支笔，记录下自己一天的生活。闹钟响了，你会反复地重设好几遍吗？你会在厨房坐等咖啡煮好吗？从你一睁眼开始，将所做的每一件事以及做每一件事时自己的习惯，清晰地写在纸上，然后重新规划，看看有没有可以合并的选项，或者可以省略的过程。

第二步：找到优先级最高的事情。

如果你只是节约时间而不知道如何享受它，那么你为什么还要节约呢？所以，找出生活中必须要做的事情，然后把它划入"必做"一栏，甚至如果你觉得闹钟响后，再睡十分钟的回笼觉是必须要做的事情，那么，就请节约时间，去继续睡他十分钟。总之，凡是必做的事情，一定要抽出时间去完成，这样节约时间才有意义。

第三步：详细规划自己的行程。

当你列出每天自己的活动内容之后，你可以按照时间顺序，或者主次顺序，依次规划行程。比如起床、上洗手间、冲澡、穿衣……越细致越好，这样，你就可以控制自己的时间。

第四步：考虑可交叉的事项。

如果你是早上洗头，还需要卷上发卷做几分钟头发，干吗不在此期间做点儿其他事情呢？比如，可以不在冲澡之前刷牙剔牙，而是换个顺序，先冲澡，等头发上完卷儿，再刷牙剔牙。如此一来，你便可省出五分钟的时间。

第五步：删除"再睡十分钟"。

如果你每天早晨至少都要按一回"再睡十分钟"，那么若删除这个功能，你便为这一天增加了十分钟可用时间。你可能已经通过把闹钟提前 10 分钟，比如从六点改定为五点五十，为你的清晨增加了额外可用时间。若还没做到这一点，要么关闭"再睡"功能，要么调整起床时间，才能为自己赢取可用时间。惦记着将闹钟提前就为了能按键再睡十分钟，那回笼觉就几乎乐趣全无。

第六步：寻找便捷早餐。

为自己准备早餐是件很幸福的事，食物既营养又安全。很多人觉得开车去餐厅购买早餐比较快。事实上，除了排队等候，还有食物制作的时间，总共加起来要耗费你二十分钟左右，但是，如果你选定一种简易的早餐，可以放进微波炉或者面包机里，加热就可以食用，将更加省时。

第七步：一边冲澡一边剃须。

你如果愿意改变积习已久的生活习惯，淋浴室是为你省时间的好地方。比如，在淋浴时剃须比淋浴完再剃要节省好几分钟时间。买一个淋浴室专用剃须镜，把肥皂放在触手可及之处。冲澡接近尾声时，抹上剃须沫，把胡子刮干净，冲洗一番，便可清凉出浴了！这招对女性同样适用，只不过她们节约时间的方式是利用洗发完毕、抹上护发素后的那几分钟来剃腿毛。

第八步：每隔一天洗一次头。

中长发型不需要每天都用洗发液洗头。事实上，每天使用洗发液会让头发过于干枯，导致分叉。只需每隔一天洗一次头发，便可为自己节约时间。不洗头的那些天，你可在冲澡时将头发别起来以保持干燥，也可用温水冲洗。

第九步：使用手机叫醒服务。

如果你还在用传统闹钟叫醒、用台式机收邮件，那么你 OUT 了，你没有利用能帮你省时的最新技术喔。你可以用手机做闹钟。早上闹钟响起，迅速拿起手机、关掉闹钟，不等下床便可通过手机浏览一遍新电邮。如果你习惯在早上收邮件，此举可帮你节省台式机开机时间，你清晨醒来的头几分钟的效率得以提高。

第十步：做网状日程安排表。

如果你和室友或伴侣共用卫生间，若对方的生活不太条理，你的省时高招也会完全不起作用。对自己何时需要用卫生间要做到心中有数，如果你们的时间重叠，要重新安排你的日程表，调整起床时间，或者干脆抛硬币定先后。否则，一切省时高招都是空谈！

如何高效利用早起后的时间

仔细想想，是不是已经很久没有早起了？偶尔一次早起，能让你吹嘘好久，所有的一切，都是为了展示你是努力的，可事实上，早起只是个噱头，可能你并没有好好地去利用它。

还记得小时候，家离学校比较远，每天要走很久才能到，为了不迟到，常常天还没亮就要爬起来。睡眼惺忪的我，醒来第一眼看到的不是朝阳，而是做饭的母亲。出发时，路上是黑的，害怕的时候就唱唱歌给自己打气。穿越几里地后，才能赶到学堂。那时候尽管累，却很少迟到。也许是因为家长和老师的压力，但最大的动力是因为感觉读书才有未来，是这种动力让我坚持了下来。然而这种动力经过高中的磨砺，到大学时就只剩下一具干尸了。

早起，不单单是一个行为，一个生活习惯，更代表了你对未来的追求。当我们击败各种模式的闹钟、亮堂的朝阳，越起越晚，自律性越来越差，脸皮越来越厚的时候，压力也不奏效了，拖延症已经深入骨髓了。是时候结束你只说看起来努力的骗局了，好好利用好清晨吧。

这里与大家分享一些早起的心得，相信会对你有所帮助。

睡觉前，做好第二天的准备工作，计划好第二天的工作事宜。在床头放一杯白开水，早晨起床，爽快地来上一两口，这会让你精神许多。如果你反对喝凉开水，也可以选择兑半杯热水，温水的效果也是很好的。然后，不要拖沓地执行你制订的计划。

刚起床时，可以做些简单的运动，让自己精神起来。

最简单的办法是，躺在床上转动脚踝，顺时针逆时针踢脚，动作不需要太大，事实证明，这是很有效的。然后，你可以选择交替压腿的方法，做三到四分钟，身体微微发热会让你注意力更加集中。还有，用冷水洗脸可以增强你的抵抗力，对皮肤也不错，而且可以醒神。但不管你用什么方法，起床一定不要超过三分钟，因为这会让你想来个"回笼觉"。

早上起来切记不要做这几件事：

1. 看新闻，大部分新闻对你是没有任何价值的，但是它会耗费你大量的时间，而且，眼花缭乱的消息会让你迷失在其中难以自拔。

2. 不要打开微博、微信等社交软件，我想很多人深有体会，即使起得早，也将宝贵的时间花在了发微博或者闲聊上。

3. 别打开电视和电脑，这会分散你的注意力。

4. 不要做些没用的事。

清晨是人一天中精力最为充沛的时候，一定要好好利用它：

1. 在当日的计划列表中，找到最重要、最紧急的事情去处理，不但效率高，而且效果好。

2. 阅读。人与人的差别主要是在思想上，思想决定一个人的行为，而行为又会衍生出不同的未来，所以，利用清晨来阅读，提升自己的思想深度，或者干脆读一些提升职业技能的书也不错。

3. 学习外语，大好的时间，可以让你轻松记忆二三十个单词，如果每天坚持，你的外语能力将会突飞猛进。

4. 身体是革命的本钱，你也可以选择锻炼身体，让自己精力充沛地去迎接生活中的各种挑战。

你的梦想是什么？做个计划，每天清晨花上三十分钟去实现它吧。

一百天养成早起习惯

养成早起早睡的习惯并不容易，这需要你的长期坚持。过去有个说法：二十一天可以养成一个习惯。这被很多人熟知，也将它用在了早睡早起习惯的养成上，实际上这并没有产生什么效果，于是他们就放弃了，认为即使科学理论也不能根治自己的"懒病"。事实上这种说法并不正确，不是所有的习惯都可以在二十一天养成，根据不同的人、环境、习惯，所需要的时间也不一样。对于晨型人生活习惯的养成，我们更需要有一个长久的计划，比如坚持一百天。

为了能在一百天养成这个习惯，我们不妨从第一天开始记录下所有发生的事情，比如从六月开始坚持这个习惯，到九月底差不多一百天。看看最后你到底能不能让身体养成晚上十点左右犯困，然后早上五点多自动清醒的习惯。

开始前，我们需要分析一下自己晚睡的原因。然后才能加以改正。

1. 习惯问题。从小到大，从少年到成年，你每天都是晚上十一二点睡觉，身体形成了这种晚睡习惯，到了晚上精力充沛，难以入睡。

2. 心理因素。即便父母一直在你耳边念叨，让你早点儿睡觉，但年轻的你认为，晚睡有什么问题啊？又不会有什么坏处，就这样吧。

3. 家庭原因。等结婚生子之后，一切都忙碌了起来，即使想早睡都不能了。要陪家人、哄孩子，洗漱、上网、看书，这都需要时间，不知不觉中就到了深夜，完全没有办法。

为了改正你晚睡的习惯，你要明确晚睡对身体到底有什么坏处，对你的人生到底有什么伤害。

1.晚睡会严重损伤你的身体。人体器官排毒正是从晚上十点左右开始的，而兴奋且仍然清醒的你，会抑制身体排毒，二十多岁的时候身体好，你不会有任何不良感觉，总觉得没事儿。但等到了三十岁的时候，就能感觉出来常年的晚睡、久坐和不运动，对身体影响很大。不管是跑步、游戏、打球，都难以投入精力，经常活动一段时间就感觉浑身乏力。

2.晚睡你就会晚起 从而引起一系列的问题，比如不吃早餐。每天你一点才睡觉，早上就要赶着去上班，常常发生的是清晨在被窝里赖着不想动。随便买着吃点儿就完事儿了，早餐的重要性不言而喻，如果你长久这样，会对胃和肠道产生难以修复的破坏。

3.由于晚睡，上午你会精神萎靡，工作效率不高。上午开会、汇报工作或者是和客户沟通，注意力不集中就会让你错过很多重要的细节。等你调整过来的时候，已经是午饭过后了，这会浪费你一上午的宝贵时间。

4.还会有其他边角问题，如果你是一个爱美的人，这可能就是你的灭顶之灾，晚睡会让你发胖、皮肤不好、有眼袋，而且敷面膜效果也不好。相信爱美的你已经知道该怎么做了，老老实实地去早睡吧。

一百天养成早起计划在执行的过程中，你会遇到各种各样的难题，也会反复为自己找借口破坏计划，但不管怎样，你都不要放弃，下面是对一些情况的具体分析。

1.总感觉时间不够用。如果你每天晚上十一点才睡觉，早晨可以提前的时间量会比较少，早起能学习的东西就会大大减少。仔细想想，你把晚上的时间花在了哪里？是不是在熬夜上网，或者是玩儿游戏？时间总是有的，尤其是从电子产品中抽身而出的你，会发现时间真的很充裕。

2.总是没法精力集中，按照自己的计划执行。这需要你强大的自制力。要根据具体的计划，优化执行流程，制定具体措施。比方说你要坚持每天看一本书，那么你就可以分几步进行。每天练习用时间限制呼吸来集中注意力；如果实在看不完，就找绘图本来看（提前准备）；读书笔记可以分开做；同时编排几本书一起看；多利用零散时间，比如坐车、排队。

3. 难以避免的特殊情况。生活不是一成不变的，总会出些意外。如果遇到没有办法避免的事情，尽量想办法快速脱身，然后补救自己的计划。

比如要陪朋友或者客户吃饭，你就可以把时间订得靠前一点儿，尽早结束饭局。

比如要陪孩子去医院，你要在平时就多注意孩子的身体问题，减少他得病的次数。

或者工作加班，你可以根据工作的具体指标，分出一些第二天早晨完成。

所有的事情不可能都尽在掌握，抓住其中的一些变量，对其施加影响，总会让你向目标靠近的。

4. 你也可能会睡不着，这个问题很现实，也很好避免。你可以在睡前看一些自己比较喜欢的书，看着看着你就会睡着了。睡前洗个热水澡，用脚盆泡泡脚，调整自己的呼吸，让身体放松，放空思想，不要去想事情，慢慢地你就能睡着了。实在不行，你还可以用数绵羊的办法，虽然有些幼稚，但的确是有效果的。

5. 心态出现问题，对计划的执行开始产生了质疑，无法坚持这个计划，这是个比较棘手的问题。但也有解决办法。把你的计划告诉家人，让他们来监督你，比如如果你不睡，他们就有权强行给你关机。你也可以自己给电脑设置自动关机，到点了想玩儿都玩儿不成。把早起形成一种机制，每天在朋友圈分享早睡动态，当成像打卡一样的责任感的时候，你就可以克服内心的摇摆了。

准备工作做完之后，你要切记，不要让一切停留在计划当中，要立刻行动起来，然后记录下每周的行为进行分析。

第一周，你会感觉混乱，身体处于总体上来说感觉比较混乱、习惯调整的过程中，早睡都是十点半之前，但早起时间会不固定，有些紊乱，有时候早，有时候晚。上午身体会难受，有点儿不习惯。你也会从中尝到好处，早晨起来读书效率很高，精力容易集中。

第二周，你的身体已经能够适应这种感觉了，早上的感觉比第一周好，早起的学习计划也开始制订执行了。至此，早起已经不单单是为了多些空闲时间，而成了学习的好时机。基本上都可以在十点睡觉，五点起床了。

第二个月你会发现，在晚上九点的时候就会感到困，早上五点起床成了常事。但这个时候你要注意了，即使是周末也要保持早起的节奏。不要赖床超过六点。在出差的时候，你也要这样做，在九点半完成洗漱，十点前上床睡觉。习惯的养成禁不起半点儿马虎，一次不做就会前功尽弃。

最后一个月你会发现，早起的习惯已经基本养成了，你开始进入了保持阶段。你会明显地感觉到自己精力充沛，可以合理调配时间。但要切记，绝对不要因为这样一点儿成功就沾沾自喜，往往在这个时候最危险，不要放松对自己的要求，严格执行自己的计划直到一百天，你会真正养成早起习惯的。

当完成这一百天计划后，总结一下你在这一百天里究竟发生了什么改变，这会让你的成就感爆棚。成为晨型人的你，终于做回了自己时间的主人，高效的人生由此开始。

如何利用朝九晚五的铂金时光

　　每个人都有自己成功的技巧。有的人强势果敢，成功来得铿锵有力；有的人顺其自然，精彩得行云流水；也有的人抓住了转瞬即逝的机会，一路走向巅峰。不管是怎样成功的，但终究与自己的努力有关系，就算是天上掉馅饼，你也总得比别人跑得快才能吃到吧？

　　有人采访科比，问他为什么如此成功，科比却反问记者："你知道洛杉矶每天早晨四点钟是什么样子吗？"记者摇头。科比说："我知道每一天早晨四点洛杉矶的样子。"每天坚持早起，比别人付出更多的努力，让科比成为一名篮球史上的伟人。

　　别人现在的辉煌，是由长期的"劳其筋骨"堆积而成的，这正是"晨型人"的特征，那些成功的人，几乎都有晨型人的特质，这个兴起于日本"早起心身研究所"的所长税所弘的概念，被越来越多的人所接受并实践，"你的未来，源自早晨！"这一个响亮的口号，在日韩掀起了一场风暴。成功人的秘诀——早起，成了很多人生活的一部分，其实，这个夜型的社会正在向晨型社会转变。

　　功利点儿说，你可以早起学点儿外语，或者考个证什么的；不功利点儿说，你也可以读好几本书，锻炼出一个好身体，多享受一份生活，让人生拥有另一种可能。仔细算算，如果每天早起一个小时，一年下来就是三百六十五个小时，以每天八小时计算，这相当于你的四十五个工作日，这足以改变你的未来了。你知道那些全球知名的管理者是如何利用清晨这段"铂金时光"的吗？

　　中国台北 O-marketing 总经理助理 Celine 说："早起的好处是让你可以

拥有一个漫长的早上。"而一个漫长的早上就要做适合早上做的事情。作为一家品牌市场营销公司的总经理助理，他的生活逃不出两点一线的规律。但是他仍然很乐观："台湾有一个流行的'巴布早起网'，就是一群想要早起的年轻人组织起来的，大家到网上订下早起的时间和惩罚措施，然后每天早上都到网上签到。如果有不按照自己所定下的时间起床的，那就要接受惩罚。由此可见，大家是多么想回归健康生活。"

这是他坚持早起的开端，所以每天早上，在中国台北建国花市，总能看到他的影子，而且因为这个地方并不被旅游观光的人了解，很少有喧闹的外地游客，人也会更加放松，这里种植着美丽的花卉，他每天都可以在这里发现不一样的惊喜，几乎每天他都会挑选一束鲜花来点缀生活。

生活中总是有各种新鲜的事情可以做，但是忙碌的工作让人无暇他顾，如果你能早起就不一样了。"看到大家那么开心努力地在生活，自己的心情也很容易被感染。"这就是晨型人带给他的改变。

奥地利 Adiva Meciterranean Cuisine 经理 Mickha Safiye 说："我喜欢永远都精力充沛的样子，而且我热爱充实忙碌的生活！"正因为如此，Mickha 更珍惜上班之前的时间，这可不仅仅是一两个小时，连起来就是生命中的一长串时间。"更重要的是，这些事让我其他的工作时间更有效率！"

说起维也纳，大多数人脑子里第一时间迸出来的一定是关于音乐和音乐家的故事。的确是这样的，奥地利人的早上多少都和音乐有关，有人用交响乐当闹铃，有人伴着音乐享受早餐，戴着耳机去跑步。

她就喜欢早晨起床后听疯狂的交响乐，伴着强烈的情绪感染力开始新的一天，可以让她在一天之内保持亢奋的状态。但是有了孩子之后，Mickha 觉得早上在家里听这样的音乐已不太适合，于是就选择了一些舒缓的音乐类型，或者戴上耳机自己听。现在，她更是迷上了一种新的舞蹈——肚皮舞，从某个角度来说，这是交响乐的替代品，因为这两者同样是一下子就能调动情绪的东西。"一开始是为了减肥，后来却发现这真是提神醒脑的最佳方式。"即使餐厅的事再忙，加班再晚，早上的第一支肚皮舞也能让 Mickha 昏昏欲睡的细胞全醒过来。

她不但喜欢交响乐，最终也爱上了中国的古筝，早起，音乐，让她的生活更加积极，这也是她能够在高压力的工作中坚持下来，并且取得骄人成就的秘诀。

日本东京的编织设计师恒山浩代总是六点半就起床了，比十点的上班时间早三个半小时。日本人痴迷茶道，认为喝茶会给人力量。恒山浩代说："如果做日本早餐，我一定会配上绿茶，这一杯茶是很多日本人早上都不能错过的。"早餐在日本文化中的重要性不需要太多的描绘，日本女性非常注重保养和健康，而这一杯早茶的重要性与二十到三十分钟的化妆时间是居于同等地位的，都是为了保持最好的状态，把最好的东西呈现给工作和别人。

日本地狭人密，每天早晨人来人往川流不息，网上有很多日本人挤地铁的视频，如果乘务员不从后面推，人甚至都进不去。由此可见生活的压力与困顿，对日本人身体和心理的伤害。所以早起对于他们的意义，不单单是保证健康，更是为了享受没有压力的片刻的宁静。茶多酚会制造出一天的活力，所以恒山浩代如此热爱它。

"早上除了做瑜伽、跳舞、跑步这样的活动，日本还兴起了早上课堂，有些学校会推出园艺或者外语之类的课程，方便上班族提升修养。"恒山浩代所学的就是编织，不过不是去教别人，而是自己看书做研究，早上起床一边喝茶一边看书，进步很快。她也希望可以做得更加深入，不仅可以培养学员，更可以培养教员，让编织这项事业可以越来越好。

早起，让日本职业女性从工作中解放出来，可以为自己和家人准备早饭，或者是中午的便当，还可以做些家务，利用好这段时间让她的生活更加有滋有味。

上海一名名叫 Youo 的编导每天很早就会起床，在花园种菜，过一个"有机"的早上。她说："上班已经是各种忙碌了，如果其余时间还是这样，我觉得自己就没有生活了。"所以她通常要在家里花上一到两个小时做自己的事情，这段时间最好是在清晨。

　　试想下，在阳台或者花园里种上些青菜，春天可以选择种植香料，夏天选择性就更多了。一早起床去门前的小花园里掐点儿葱花，摊个薄饼；或者割两株青菜，蘸着酱吃，生活该是一番什么光景。其实在北上广已经有很多人在这样做了，虽然早上这段时间没法一次性做成一件大事，但完全可以做一些阳台种菜这种怡情养性的"小事"，养养花也是不错的选择。

　　她说："我是个天生的老太太，最喜欢早上起来看看蔬菜的长势，然后慢慢地吃一顿丰盛的早餐，如果原料是自己种植的菜，那种美味足以让自己一天都充满幸福感。"这种早起的"有机生活"让她从烦闷的工作中解放出来，再次体验到了生活的美好。

　　澳大利亚布里斯班昆士兰旅游局国际执行总裁 Wendy Harch 属于传说中的工作狂魔，是连晚上起来给两岁儿子换尿布时都会查收邮件的人，虽然如此，她并没有完全忘记自己的生活，懂得如何在生活中让自己忙里偷闲，为家庭和自己争取休息时间，经过长期的实验，她发现最合适的时间就是在还没去上班之前的清晨。

　　自从有了孩子之后，她尝试五点半就开始早生活。一开始她只是和丈夫被迫陪着孩子们，可是她渐渐发现这是一段非常好的时间。除了陪着孩子们做亲子活动，她也可以忘掉工作的各种压力，在早上的布里斯班河畔做一个小时的自己。"你知道，我们这里因为拥有黄金海岸而被人们熟悉，别人都要奔着它而来，而我们自己，却为了这一条奔腾着流入大海的布里斯班河着迷。"

　　早上的布里斯班河畔有很多做运动的人，你不早起就不会发现这个城市的人们是多么爱这条河。太阳刚升起来的时候，宽广的水域折射着神奇的晨光，笼罩在这一晨光里的昆士兰也会拥有一种不一样的美。

　　"除了自己来走一走，享受一下个人的时光，妈妈的天性也让我乐于推着为孩子们特制的摇篮车到这里跑步。来到昆士兰后你才会明白，我们为什么那么爱笑、爱运动，这跟从小就被放在摇篮车里被迫做运动是有关系的。"从五点半到十点上班，Wendy 为自己争取了很长的一段自自时间，这段时间换来的不仅仅是快乐，还有一个幸福的家庭，作为朝九晚五的上班族，这位昆士兰工作狂妈妈的做法很值得借鉴。

现代社会花样迭出的娱乐方式让"夜型社会"盛行，当通宵加班与应酬压得你喘不过气来的时候，终有一天你会觉醒，你会恍然大悟，原来忙不是为了在这个社会中找到存在感，更是因为没有存在感而随波逐流。你真正的思想源自对自己时间的掌握，而不是去被动地做事。别遗忘了早晨，别忘记了清脆的鸟叫和被露珠包裹着的芳草，早点儿起床，感受晨风中闪过的那道最空明的灵光吧。

做"晨型人"，开始高效能的一天

早睡早起身体好的道理大家都懂，但真正养成这种习惯的人却少之又少，当"晨型人"的概念被提出来之后，有很多人嗤之以鼻，早起有什么好的呢？所谓的身体好，谁知道是不是真的呢？作为曾经嗜睡、痛恨早起的人，我对此深有感触，所以我现身说法来告诉你，早起的"晨型人"的一天绝对是高效能的一天。

这里为大家推荐一些养成早起习惯的经验。

首先，早起的前提是早睡，我们早起更多的是为了调整自己的生物钟，将时间固定在清晨，然后合理利用这段时间。这是一种健康的行为，而不是为了展现自己的意志力，以牺牲自己的健康为代价，这也未免太愚蠢了。所以，你要保证好每天七到八个小时的睡眠时间。如果你决定早上六点起床，那就应该在晚上十一点准时入睡，或者你想更早点儿，四点起床，那么你就要在九点进入梦乡。做到这些很简单，关键是要养成习惯。

早起不是为了给别人看的，而是为了提升自己的能力，所以一定要合理规划早晨的时间，让自己忙起来，有事干。试想下，你费尽辛苦地早早起床，然后面对着窗外仍然漆黑的星空发呆，这是多么愚蠢的一件事情啊。清晨这段静谧的没人打扰你的时间，合理利用起来的话，对你的人生绝对有积极的影响。

平时如果七点出门，一般都要在六点起床，给自己至少一个小时的准备和清醒的时间，如果晚上休息得好，也可以选择五点起床，做些更有意义的事。早晨写日记就是一个不错的方法，它会让你的心态更加积极阳光。清晨是昨晚和今天的交界时间，可以回顾和计划兼做，两者相互影响，效果极佳。日记也不必太长，更不用长篇大论，简短的几句话，或者是一两个鸡汤故事，都可以让你的心态平和起来。

你也可以自己做个早餐，丰盛点儿，美味点儿，然后一边吃饭，一边看看报纸看看书，或者和家人聊聊天。只要能保证早晨有事儿做，就会让早起更有价值，让你过得更加充实，所以，请在睡觉之前，明确好早起要做的事儿。

孤胆英雄很让人敬佩，但是适当地组个团，会让你效率加倍。找一些志同道合的人，互相鼓励，互相督促，让早起成为一种责任，这样才会有坚持下去的动力。这些人可以是你的家人、朋友、同事，甚至是用社交软件认识的人，都是可以的。你也可以选择关注一些早起的群，发起早起签到的活动，这样你就会发现，也有很多人在尝试着早起，也在痛苦地挣扎着，互相激励是你养成早起习惯极佳的助力。

要将早起形成习惯，而不是在强迫自己。既然要养成习惯，那就不要在中间放弃，不间断地实施计划成功率更高。这要求你有很高的自持力，在下定决心早起之前，请问问自己，为什么早起，我真的要这样做吗？当你确定不会背叛自己的内心的时候，你才会有坚持下去的勇气。

强迫自己做不喜欢的事情是痛苦的，如果知道早起是一个好习惯，但就是起不来。这时候，你就需要和自己斗争一下了，或许你并不是真的认同早起的好处，你要想象一下，一旦你养成了早起的习惯，生活究竟会有什么改变，如果你很向往，你就一定会说服自己，不再懒惰。

任何不能早起的客观条件，都是给自己找的借口，只要你想做，就没有什么事可以阻拦你，你会想尽一切办法去实现它。但是养成习惯不是逼迫自己，尤其是一开始就制订很高的计划，这是不现实的。比如你昨天还是八点起床，今天就要五点起床，想想看，你受得了吗？培养习惯是个循序渐进的过程，你可以先缩短一点儿时间，然后再逐渐加码，耐着性子忍受两三个月，一切困难都会过去的。

如果你想每天轻松快乐，从今天起也来做个晨型人吧。

从中医养生看晨型人

现今，中医与养生几乎被连起来说了，老祖宗们的生活习惯历久弥新，越来越被大家认可和接受。其中的道理，在医书中都可以找到注解，关于早起好处的介绍就占了很大的篇幅。可见早起有益于身体的正确性。

《朱子家训》有言：黎明即起，扫洒庭除，要内外整洁，既昏便息，关锁门户，必亲自检点。先贤所提倡的是既要修身齐家，又要调摄身心。早起对于一个有教养的传统的中国人来说，再正常不过了。农耕时代，人们日出而作日落而息，陶渊明采菊东篱下，悠然见南山的闲适心态被人们津津乐道。然而随着社会的发展，现代化的推进，越来越多的有趣的好玩儿的东西涌现了出来，网络、游戏、电视、电影，各种各样的娱乐活动让人们乐此不疲，丰富的夜生活侵吞了大部分睡觉的时间，常常要等到日上三竿人才磨磨蹭蹭地起床。

改变陋习要给予奖励，这里便从养生的角度，介绍下早睡早起会带给你身体的"奖励"。

《素问·四气调神大仑》述四时之起卧，于春夏秋三季皆言"早起"，也有谚语说：一日之计在于晨。其中是有深刻的中医道理的。清晨阳出于阴而宣布于外，阴阳冲和，万物生荣，故而身体朝气蓬勃。如果此时醒来，让身体顺天应时，那么阳气就得以舒展，生发出乎自然。所以也有"早起是第一养生技巧"的说法，曾国藩更说"早起为第一养生秘诀"。

但是早起的时间并非越早越好，药王孙思邈在《卫生歌》中说："亥寝鸣天鼓，寅兴漱玉津。"这是早起最好的时间。寅于时序属春三月，为肝气生发之时，于十二经流注又属手太阴肺经之时，为十二经气血流注之发端，故寅时肝肺升降相因，有龙虎回环之象，若能应时而起，动静兼养，自然可调节气化，使身心和合。

早起也可以有效治理怫郁的状态，朱丹溪先生曾说："气血冲和，万病不生，一有怫郁，诸病生焉。故人身诸病，多生于郁。"《伤寒论》中将怫郁状态描述为少阳病的范畴，少阳为病，枢机不利，六经的正常气化就会受到影响，进而引发各种疾病。

临床试验也证明了，由于工作和生活中的各种压力，越来越多的人都存在怫郁状态，也正是因为这种状态，诱发了疾病，不得不来医院寻求救治。不但耗费了金钱，也耗费了的时间，其实解决怫郁困扰的办法十分简单——早起。

《伤寒论》第二百七十二章说道："少阳病欲解时，从寅至辰上。"寅卯辰于四时为春，于一日为晨，阳气始生，如果能够按时早起，并根据个人的具体情况选择合适的锻炼方法，主动地去解决加诸身心之上的怫郁，就能够使气血冲和，万病不生。反之就会造成阳气在某种程度上的怫郁，短期内表现在表面，长此以往，就会深入骨髓，为你身体埋下祸根。

除了对身体有好处，早起也代表了一个人朝气蓬勃的精神，锐意进取的思想。试想人没了理想，没了上进心，人生将处于怎样的灰蒙蒙的阴影中？如此我们就可以理解何以孔子在得知宰予昼寝时竟然也会勃然大怒，而曾国藩亦力倡居家以不晏起为本，他能完美地展示儒家修齐治平的学问，不也正是这种精神的力量吗？

戊戌六公子之一的梁启超在《少年中国说》一文中也倡导，国之少老，又无定形，而实随国民之心力以为消长者也。当下中医的问题亦是如此，我们每一个中医人的内心都应该具备这种朝气，勇于承担中医的家业并为之努力，而不是随着年龄的增长，就安于现状，老于世故，将中医作为一种单纯谋生的手段。生命可以碌碌无为，同样也可以推陈出新，日新月异，端看如何取舍，我于早起亦作如是观。

早起养生也有很多具体的措施，首先一条就是叩齿揉腹。这出自"床上八段锦"，叩齿是其中的第四段，揉腹为第七段。

中医认为齿为骨之余，齿之有疾乃脾胃之火熏蒸所致。故牙齿同胃、肝、肾、肠、脾、内脏活动有着密切的联系，因此叩齿是固齿健身之法。方法是每天早上醒来时，放松全身，仰卧，做咀嚼状，轻轻叩齿 60~100 次，多则不限，即使是在平时工作、学习时，也可随便轻叩，有益于健齿、强身。

揉腹有利于增强胃肠功能，有习惯性便秘者尤其需要。方法是仰卧放松，先用右手掌自胸口至脐下顺时针揉胸腹 80~100 次，然后换左手掌逆时针揉胸腹 80~100 次，以后逐渐可增加到 200 次。叩齿和揉腹可同时进行。

第二条是"击鼓"揉鼻，"击鼓"古人也称"鸣天鼓"。具体做法是：坐位，用双手掌心紧按住两耳孔，两手的中间三指——食指、中指、无名指轻击后枕骨十几次。然后，掌心按耳孔、手指按枕骨几秒钟不动，再骤然抬离，过一会儿又如前法按耳、击枕骨，击时如闻鼓声，故而得名。这样重复多遍，可以清醒头脑、增强记忆，对高血压患者还有舒张血管、降低血压的作用。

揉鼻古人称"浴鼻"，两手拇指微屈，余四指握拳。用两手微屈的拇指背沿鼻梁骨两侧上下往复用力，各擦几十次至上百次，闲时也可做。它的作用是可使鼻腔血液流通，温度保持正常，从而达到防止感冒的目的。如已染感冒时，增加每次揉鼻次数，早晚各做 1 次，可收到不药自愈的效果。

每天起床后洗漱完毕，就要喝一杯温开水或者淡盐开水，可以增加血流量，促进血液循环，润肠通便。然后再来一顿丰盛的早餐，这很重要。现在不管是青年人还是老年人，都乐于赖在被窝里"享受"，早餐总是囫囵吞枣地糊弄一下，甚至还有饿着肚子出去的。其实早餐的重要性你可以明显地感觉到，它可以给人体补充一上午所需要消耗的能量，不会让你因为没能量而血糖含量不足，产生心慌、肢体乏力的感觉，所以早餐不但要吃饱，而且要吃好，这对身体很有益。

养成早起排便的习惯对人体健康至关重要，经过一晚上的排毒，体内毒素大多积累在肠道内，每天按时排便，可减少食物残渣在身体中的滞留，从而避免有害病菌的繁殖，减少肠道疾病的发生。

除了大雾与雾霾天气，建议清晨到旷野或者空地伸臂弯腰，踏步踢脚，活动活动身子，然后进行十到十五分钟的呼吸。这样不但能增强你的肺活量，而且会让你头脑清醒，精神振奋，对工作辛苦的人来说尤为重要。在树林里凝视林海，远眺四方，有助于增强视力、防治近视。具体做法是立正，自然呼吸，两目平视前方，尽力注视远方的绿树、青山 1~2 分钟后，闭目低头沉默一会；转首向左方远眺 1~2 分钟、闭目低头沉默一会；再转向右侧远眺，如此反复多次，共持续 15~20 分钟，时间更长些也可以。

　　早睡早起真的会让你身体好，做一个晨型人也真的会让你走向成功，所以不要再犹豫了，从现在就开始制订计划，马上执行吧！

早晨起床小秘诀

关于夜型人和晨型人对于时间利用率的争论已经很久了。既然早睡早起和晚睡晚起所花费的时间是相同的，那么理所当然的，二者的效率也是相同的。有很多人心里虽然认同晨型人比夜型人更好的观点，但他们就是早上醒不来，即使睡得很早也是如此，接着他们便自暴自弃，认为自己不具备早起的基因，从而选择了拼命熬夜，然后第二天晚起。

其实看似相同的两种时间安排方式，其结果却是千差万别的。夜晚熬夜对身体的危害可不是一星半点儿，晚上正是我们身体各个器官排毒的时间，例如九点到十一点是免疫系统的排毒时间，而十一点到凌晨一点是肝脏的排毒时间。你能想到身体有毒素堆积，长久不排，身体会有什么样的反应吗？年轻的你可能感觉不到身体的细微变化，而对此不屑一顾，那么对于一个女生来说，是早睡敷面膜还是晚睡敷面膜效果好呢？这个问题很现实吧，难以回避吧？

为了提高效率和生活质量，很多人都经过多番尝试，花费大量的精力来研究如何更好地管理和运用时间。不少人也会去参考时间管理达人的方法，但最终发现，适合别人的未必适合自己。所以对于不同的人、不同的工作种类、不同的生活条件，应该采用不同的应对方法，最好是自己去亲身实践觉得可行的方法。

比如学生群体，开学之后每天都要坚持七点起床，不论早上是否有课，这个不难办到吧？如果每天整理笔记、查阅书籍，基本上不出三天你就可以看完一本书。你也可以约一个小伙伴，每天早上互相鼓励，叫醒对方，洗脸刷牙后，一起去操场跑个步，去食堂吃个饭，谈谈理想谈谈人生，再不行就互相传授些八卦也是不错的，至少会让你整天快快乐乐的。时间一久，每天到了晚上十点左右，你会自然而然地感觉眼皮发沉，不管寝室的小伙伴们在说什么做什么，你都会忽略掉，立马进入睡眠状态。时间久了，即使你不敷面膜，皮肤也会变得好起来。

不管怎么说，你要有自己的方法，但同时也不要故步自封，可以学习别人的做法，取之精华为己所用。关于如何做到早起，我也有以下几点经验，或许对你有所帮助。

其一，单纯地想几点起床并不具备吸引力，也不具备必要性，所以如果你想在五点起床，请给自己找个理由，分析一下，为什么要五点起床，五点起床我要做什么？这很关键，很多人不能坚持早起最主要的原因正是在这里。你身边一定有这样的人，到了期末考试周，凌晨一点才睡觉，而早晨还不到五点就能爬起来背书，这种状态一直持续到考试结束。临时抱佛脚固然有用，但是这种精神却很有启示。为什么我要早起呢？因为我还有理想，还有很重要的事情要做，这就是你唯一的动力，也是你能坚持下去的最好理由。

其二，拒绝拖延症。说什么就做什么，养成雷厉风行的习惯。如果你决心五点半起床，就设一个五点半的闹铃，而且在闹铃响起的那一瞬间，什么都不要想，直接起身去洗漱。实践证明，越拖延起床时间你就越难起床。还有，把闹钟放在要你起床才能关掉的地方，强迫自己起床。

其三，要早睡。我们每个人都有自己的生物钟。很多人都说我已经晚睡晚起好多年了，生物钟已经形成了，很难改正过来。我想问一下，很多人在国外倒时差不都是倒个几天时差就被倒正了吗？在你想早起的开始阶段，你先要每天十点爬上床，不要拿任何手机和 iPad 什么的，闭上眼睛去睡觉。我告诉大家一个如果在床上睡不着我会用的方法，超级管用。

这个方法就是自我催眠。闭上眼睛，试想自己在一个空荡荡、黑乎乎的空间，没有任何的重力、时间、光照，你感觉身体一直在下坠，缓缓地坠落。用了这个方法，你会在还没感觉到跌落谷底的时候就已经进入梦乡了。

几天之后，这种方法你都不需要了，一切都成了习惯，身体逐渐适应了早睡的生理反应。其实还有一点你可能会搞混，我们并不是因为早睡才能早起，而是因为我们要早起，所以才需要早睡。所以一旦你坚持在一个固定时间早起，那么你的身体也会跟着自我调节，让你在晚上到时间就产生困意。希望这些经验可以帮助到你。

The 4st Chapter

国外名人篇

——与朝阳同行，与成功共舞

巴菲特："我为什么要早上去上班？"

世界首富比尔·盖茨是这样评价巴菲特的："无论你有多少钱，你都买不到时间，每个人一天只有二十四小时。巴菲特对此很敏锐。他不会让日程表充满了无用的会议。另外，他对自己信任的人又会很慷慨地花费时间。他把自己的电话号码给了他在伯克希尔的亲密顾问，他们打电话他就会接听。"由此可见巴菲特对时间的珍惜程度。

投资之神巴菲特早睡早起的习惯并不是从小就养成的，他是个"半路出家的和尚"，但是即便如此，在养成习惯后他也一直在坚持，这事关他的"钱途"。也恰恰是这种坚持，铸就了他"股神"的名号。

巴菲特 1930 年出生在美国内达华州的奥马哈市，这正是美国金融危机最严重的时候。他刚满一周岁，做银行证券销售商的父亲就失业了。家庭环境每况愈下，贫穷的生活让巴菲特充满了对金钱的渴望，在父亲的影响下，他的商业头脑也开始展露。

五岁那年，巴菲特做起了批发口香糖的生意。六岁的时候，巴菲特就知道奇货可居的道理，拿着二十五美分买到的可乐在湖边销售，把价格翻了一倍卖给游人。他还带着小伙伴去捡富豪们打出的高尔夫球转手倒卖。他几乎用他认知范围内的一切机会来获取利益，而且每次都可以成功。

巴菲特与股票结缘是在 1740 年，那时候他十岁。当父亲带他走在纽约华尔街金碧辉煌的道路上时，巴菲特彻底地沉浸在了其中。在父亲的帮助下，他入手了一只市价三十八美元的股票，当那只股票升值到四十美元的时候，巴菲特抛售了它。尽管只是小赚了一笔，但是巴菲特从此迷上了炒股。

后来，巴菲特进入了哥伦比亚大学金融系就读，成了著名投资专家、证券分析师之父本杰明·格雷厄姆的弟子。格雷厄姆教导巴菲特，投资者不要总是将注意力放在行情显示屏上，而应该放到发行股票的公司上，只有这样才能发现并计算出一只股票的"真正价值"与"内在价值"。他告诫巴菲特，不要听信传言。

巴菲特听后深以为然，从此便养成了早睡早起的习惯。每天八点半，巴菲特会准时赶到办公室，然后开始阅读《华尔街日报》《纽约日报》《金融时报》《华盛顿邮报》，还有本地的报纸——《奥马哈太阳报》，以此来掌握各种信息。不但如此，在高效与清醒的早晨，巴菲特得以安静地分析公司的年报和季报，以及股东和投资人的建议，还会读一些专业的读物。

长久的坚持让巴菲特比起那些只是看盘的投资人拥有了更多的优势。在人们都不看好捷运公司的时候，巴菲特抄底入手，赚了个盆满钵满；在美国登月成功后，波澜壮阔的股市诱惑着无数的人前赴后继，巴菲特却选择了收手，成功地躲过了一劫；成功预测《华盛顿邮报》与可口可乐的成功，并成为其股东，让巴菲特身价翻倍。所有的这一切成就与巴菲特坚持早起早睡做研究的习惯密不可分。

奥巴马：晚睡早起爱上网

2008 年 11 月 4 日，贝拉克·侯赛因·奥巴马就任了第四十四届美国总统，成为美国历史上第一位非洲裔总统。以优等生荣誉从哈佛法学院毕业的他，也是一个不折不扣的晨型人。奥巴马自称是夜猫子，但是他会很早起床，挤出时间来锻炼身体，维持足够的精神以提高工作效率。而他珍惜时间习惯的养成与他母亲的谆谆教诲脱不开干系。

奥巴马母亲的同学评价她，才学过人，不为世俗所困，即使在那个种族主义泛滥的年代，也能保持自己的本心。当时正是"二战"时期，她的诞生并没有让身为家具经销商的父亲感到十分高兴，他想要一个儿子，于是残忍地给她起名斯坦利，这是一个标准的男孩儿名字，也许正是这个男孩儿名字，让她拥有了像男子一样的气概。

1960 年，斯坦利随父母乔迁到了夏威夷，也正是在夏威夷的一堂课上，她认识了奥巴马的父亲——一名来自非洲的学生——巴拉克·奥巴马，两人迅速坠入了爱河，这让她的父母猝不及防。家人的反对并没能阻止她对爱的追求，短短一年之后，也就是 1961 年，年仅十八岁的她便和巴拉克·奥巴马结婚了，小奥巴马也至此诞生。

但是，这段婚姻并没有维持很久。不久之后，奥巴马的父亲抛妻弃子，前往哈佛大学深造，他们的这段婚姻也就此告终。尽管这次冲破世俗观念的婚姻并不成功，但是她仍然对爱充满了憧憬。后来，她结识了一名印尼人，并与之结婚。1966 年，她带着小奥巴马与这个新组建的家庭来到了雅加达。

可是短短四年之后，夫妻二人的生活观念产生了分歧，她的丈夫希望她能生更多的孩子，并且桎夫教子，可是斯坦利却想去工作，不愿意活得像个奴隶。她的第二次婚姻也就此告终了。

仿佛上帝在和她开玩笑一样。她认为的婚姻只是一种制度，对她来说，重要的是二人真心相爱。于是，上帝也只给她相爱的缘分，却不给她相守的机会。斯坦利失望至极。此后再没有结婚。深入印尼爪哇文化的她，成为一名人类学学者，与当地人结下了深厚的友谊，但是很不幸，后来她患上了卵巢癌。

一生都在抗争的斯坦利，在教育小奥巴马上，也倾注了自己不放弃的精神。

她把马丁·路德·金的演讲录音带带回家里，一遍一遍地放给小奥巴马听，告诫他，要懂得诚实、坦率和独立判断的重要性。每天早晨四点，她就唤醒奥巴马，在他上学前让他学习函授课程。然而，她的一片苦心换来的却是奥巴马对她的误解，年少的奥巴马一度认为，自己只是母亲的一个试验品。在他中学的时候，变得十分叛逆，抽烟、喝酒、泡妞，这就是他所有的追求。

长大成人后，奥巴马对当初的自己十分愤恨，也意识到，自己能有如今的成就，全是母亲良好教育的结果。他甚至不止一次地说过，如果没有她，就不会有自己的今天。

她在夏威夷度过了生命最后的时光。她把奥巴马叫到身边，为他上了最后的一堂课，她告诫奥巴马要珍惜时间，鼓励他继续前进。在她去世后，奥巴马将她的骨灰撒入了汹涌的太平洋，冲着印度尼西亚方向。

从小到大，不管是被动地被叫醒，还是主动早起，奥巴马始终珍惜着时间。奥巴马曾在著名杂志《名利场》上介绍过自己的日常生活习惯。与多数已婚男性一样，他也喜欢熬夜上网、玩 iPad、看电视，享受妻子睡后的私人时光。不同的是，他有时也会给外国领导人打电话。但是不管怎样，他都会早起。他说："人必须经常锻炼，否则就会搞垮自己的身体。"他会在七点准时起床，然后在健身房里待一个小时，以确保一天精神饱满。

霍华德·舒尔茨：早上四点半起床跑步

提起星巴克，恐怕没有人不知道，这家辐射全球的巨型咖啡集团，飞速发展的传奇让全球瞩目。如果你深入了解了它的创始人——霍华德·舒尔茨，就不难理解这家公司为什么可以如此成功了。舒尔茨曾告诉记者，他每天早上四点准时起床，然后泡咖啡、读报纸，《西雅图时报》《华尔街日报》《纽约时报》是他每天必不可少的读物。这个习惯他坚持了二十多年，早年一无所有的时候，他更是起早贪黑，不敢浪费哪怕一点儿时间。

舒尔茨的童年是十分不幸的，他生活的地方，是纽约最著名的贫民窟。每天飞机从头顶掠过，发出刺耳的轰鸣声，杂乱无章的社区，堆满了恶臭的垃圾，就连容身的三尺之地——墙面上都布满了弹孔，摇摇欲坠。每当回忆起儿时的经历，舒尔茨都万分庆幸，自己没有像别人一样荒废时间。

那时候，全家所有的收入都来自他的父亲。他是一个有担当的男子，不但从事着开卡车和送衣服、尿布的工作，还同时身兼多职，尽管如此，收入仍然不多，只能勉强维持着一家人的生计。

1961年冬天，不幸的事情发生在了原本就困苦不堪的家庭。舒尔茨的父亲出了事故，跌伤了脚踝。那时还没有工伤赔偿这种说法，舒尔茨的母亲此时也怀有七个月的身孕，不可能出去工作，整个家庭一时陷入了困境。无数个日日夜夜，舒尔茨都能听到父母在餐桌上各执一词，相互争吵：到底该向谁借钱，借多少钱。只要电话一响，舒尔茨就被推到电话前，告诉债主父母不在家。

舒尔茨不断地提醒着自己，必须要努力，绝对不能够待在这里一辈子，要挣大钱，过好日子。他曾一度想成为体育明星，显然这个想法并不现实，最终只好放弃了。

大学毕业之后，舒尔茨找到了一份推销员的工作，尽管他十分失落，但是他却比别人更加努力。他总是早早地就起床，做好一天的计划，然后有条不紊地去执行。他的努力，让他赢得了"凡人"的人生。1982年，舒尔茨在曼哈顿买了一处公寓，告别了廉租屋，而且拥有了一位美丽的妻子。

大多数人在这种情况下，会因为满足而堕落，但是舒尔茨仍旧对自己说，这够了，但并不足够。年少时许下的那个要挣大钱过好日子的愿望还远远没有实现。

舒尔茨十分留心身边的事情，在他还是销售员的时候，有一家公司从他手里订购了大批的咖啡研磨机，数量甚至超过了纽约最大百货商场的订货量，他对此感到十分好奇。经过调查，他发现那是一家名叫"星巴克"的咖啡豆、茶叶和香料专卖店，于是，舒尔茨决定去这家公司一探究竟。

在一个晴朗的清晨，舒尔茨飞到了西雅图，推开星巴克门的瞬间，一股咖啡的清香扑鼻而来，清晨的他，头脑异常地清醒，那种咖啡的香味给他的刺激感，被深刻地传递到了身体的每一部分，他被香味迷住了。

其实，这时的星巴克只是在出售咖啡豆，只不过，为了展示他们的咖啡豆足够优质，店员才采取了现场制作的方法来取得顾客的信任。在楼上一间阴暗的屋子里，舒尔茨见到了星巴克的老板——杰瑞·鲍德温和戈登·派克，接下来，舒尔茨用了将近一年的时间，终于说服他们聘请自己作为星巴克的市场营销主管。

舒尔茨的努力劲儿又上来了，一连几个月，他都在店里近乎疯狂地忙碌着，不但柜前柜后地照顾客户，还亲自品尝了所有口味的咖啡。

如果只是一直这样忙碌下去，舒尔茨仍然不会实现他的理想。可是就在1983年春天的一个清晨，舒尔茨的人生改变了。

那时候，舒尔茨刚好在意大利米兰参加一个国际展会。一天清晨，他照往常一样早起，鸟儿叽叽喳喳地叫着，再加上明媚的春光，舒尔茨心情大好。他刚走出旅馆，就看到街的不远处有一家小咖啡店。他推门进去，咖啡师热情地和他打招呼，就像多年不见的朋友一样，然后为他煮了一杯芳香四溢的咖啡。

舒尔茨心中突然莫名地多出了一种久违的感受，就像当初自己刚走进星巴克时候的那种。他又顺着街走了一段，发现了另一家咖啡店，柜台后面，一位头发灰白的老者和每一个顾客打招呼时，彼此都能叫出对方的名字，他们一起笑着聊天，享受美好的清晨。舒尔茨环顾四周，发现这里咖啡店林立。人们在这里聚集，听音乐、谈笑风生、享受时光。这种浪漫情怀和社区氛围让他心醉神迷，刹那间，一个念头从心头涌起，此时的星巴克只是出口咖啡豆，却不出售可以品尝的咖啡，毫无人情味，或许他可以为美国人的生活增添一种伟大的体验。

作为星巴克市场营销主管的舒尔茨，在 1984 年 4 月，为星巴克开了第六家店面，这是星巴克有史以来第一个既供应咖啡豆，也提供饮品的店面。开张当天舒尔茨早早地来到店里，他十分紧张，全新的店面、高薪聘请的咖啡师，究竟会产生什么样的反应？这种全新的模式，究竟能不能被美国民众接受？

然而，他的疑虑显然是多余了，那一天，上班族们踱进店里，在品尝到意大利拿铁、卡布奇诺等品牌的咖啡后，都近乎惊奇地瞪大了眼睛，喜欢得不得了，而原本售卖咖啡豆的生意，却鲜有人问津。

看着眼前热闹的景象，舒尔茨知道，星巴克的历史就要改写了，再不可能重回原来的老路子了。舒尔茨回到总部，向老板提了自己的新计划。但是，思维固化的他们并不赞成。舒尔茨为此郁闷了好几个月，最终，他还是决定离开星巴克，另起炉灶。

他新开的公司名叫"天天"，这家咖啡店几乎承载了舒尔茨所有的希望。为此，他艰难地募集了近四十万美元的创业基金。公司开业后，进展出乎他的意料。于是，他决定再次募集一百二十五万美元，开八家咖啡店。

舒尔茨回忆他第二次筹款的经历说，那段日子，他就像是一只夹着尾巴的狗。他原本以为六个月就可以完成的计划，硬生生地用了两年才完成。好在最终，他还是完成了任务。

就在"天天"一天天壮大的时候，舒尔茨听到了一个消息：他原来的老板决定要卖掉星巴克。事实上，当时星巴克的规模仍比"天天"大很多，想要收购星巴克，无异于鲑鱼吞鲸。为了筹集四百万美元的收购费，舒尔茨的"早起术"再次发威。舒尔茨总是早早地便等在投资人的家门口，这一做法感动了他们，他们觉得舒尔茨是值得信赖的。于是，1987 年一个阳光灿烂的下午，舒尔茨终于如愿以偿地签署了收购星巴克的文件。当他从一个最初的雇员变成了星巴克的总裁，端着一杯浓浓的咖啡坐在那里的时候，店员们看到了他眼里闪烁的泪光。

所以，永远不要浪费时间，珍惜每一个清晨，人生的改变，往往就在那么几个瞬间。

乔布斯：把每天都当成生命中的最后一天

斯蒂夫·乔布斯先后领导和推出了麦金塔计算机、iMac、iPod、iPhone、iPad 等风靡全球的电子产品，以其对完美的狂热和积极的追求变革了个人电脑、动画电影、音乐、电话、平板电脑和数字出版。他不仅成就了一家充满生命力的公司，还以变革性的产品深刻地改变了现代通信和生活方式，被认为是计算机和娱乐业界的标志人物。究竟是什么让乔布斯成为乔布斯？他这样告诉别人：把每天都当成生命中的最后一天。

相较于其他人，乔布斯的童年客观上显得更为不幸，除了贫穷，他甚至没法感受到亲生父母的关爱。1955 年 2 月 24 日，小乔布斯在美国旧金山诞生了，而他的诞生，在美国那个保守的年代，注定是一场悲剧。

乔布斯生母乔安娜·卡洛·谢保在二十三岁时，未婚先孕，保守的社会难以容忍这种行为，她的母亲受到了万般指责。但这是乔布斯家庭的不幸，而造成他被收养是因为他的生母没有办法单独抚养孩子。

他的生母还是负责的。为了找到一家能够抚养乔布斯的家庭而费尽周折，为了乔布斯的未来，她决意找一家养父母受过良好教育的家庭，这不是一件容易的事。当时曾有一对律师夫妇答应领养还未出生的孩子，可是当得知出生的孩子是男孩儿时，他们变卦了，以要女孩儿为借口拒绝了她的请求。就在这时，有一对收入不高而且教育程度也不高的夫妇想要收养乔布斯，乔安娜断然拒绝了他们。

据乔布斯回忆说："当母亲知道我养母没有大学文凭，养父连高中都没有毕业时，她花了很长时间才做出决定。"乔布斯的养母最终还是以诚意打动了乔安娜，并向她许诺，将来一定送孩子上大学。

他们果然没有食言。为了乔布斯的成长，乔布斯夫妇近乎倾其所有。在乔布斯五岁的时候，为了让他学会游泳，养母甚至去给人做保姆。对乔布斯夫妇来说，乔布斯可不是一个"听话"的孩子，他很好动，经常会闯出一些让人啼笑皆非的祸。比如喝杀虫水，把针头插进插座……不久之后，小镇医院的护士们都认识了他。除了好动，他还患有阅读性障碍，由于别人的嘲笑，他与老师的关系一度不好，经常干出往老师办公室扔蛇或者爆竹之类的调皮事。

尽管如此，乔布斯夫妇对他仍然疼爱有加。当小乔布斯长到十岁的时候，也终于找到了他最喜欢干的事情。那时候，他家已经搬到了加利福尼亚的一个半岛上，邻近的帕洛阿尔托，电子公司如雨后春笋般发展了起来，乔布斯开始对电子学方面产生了兴趣，一些"小玩意儿"深深地吸引着他，他一度想要捣鼓明白，这些小东西到底有多大的能耐。

此时的乔布斯依旧没有丧失小时候爱搞恶作剧的天性，仍然调皮捣蛋，不完成老师布置的作业。后来，他对这件事情有自己的解释：做这些作业纯属浪费时间。为此，学校曾几度勒令他退学。

好在乔布斯在人生的开头遇到了一位好老师，她叫伊莫金·特迪·希尔。为了激励乔布斯完成作业，她许诺乔布斯说，一旦乔布斯按时完成作业，就给他五美元。这个办法奏效了。乔布斯正是在她的激励下，才为今后的人生奠定了坚实的基础。甚至到了最后，乔布斯的学业优秀到被老师建议跳过五年级，直接上初中的程度。斯蒂夫·乔布斯评价说："她在我心目中是一位了不起的老师。"

然而，乔布斯夫妇拒绝接受她的建议，而是花费他们能给出的最多的钱，让乔布斯去了另一所学校。初衷是好的，哪知道那所学校的学风，让"惹是生非"的乔布斯都自叹不如。一年之后，十一岁的乔布斯，竟然以强大的逻辑和惊人的意志力，说服了夫妻二人搬家。他这种刚强的个性加上做事专心的品性，让他在创业道路上克服了一个又一个的困难。

在乔布斯的学业历程中，有过太多次的"逃跑"，高中毕业后的他，在俄勒冈的里德学院就读，这座学院以崇尚自由思想闻名遐迩，曾被《普林斯顿评论》评为全美"本科生整体学术经历最佳"。乔布斯夫妇信守诺言，为乔布斯凑够了工薪家庭难以承受的学费，可是，仅仅一年之后，乔布斯就选择离开了学校。

事实上，乔布斯不但在学期间"逃跑"，创业时候也"逃跑"过。那是苹果公司成立后，要制作第二款"苹果二号"的时候。合伙人沃兹坚持要给电脑加上方便的外用设备插槽，而乔布斯认为这种设计思路不符合自己的美学观念，由于产品的定位发生的分歧，最终导致了乔布斯出走苹果公司。然而到了今天，一手创造了苹果的沃兹也屈服了："没有乔布斯，就没有苹果，按照自己的想法走下去，苹果不会有今天。"

每一次乔布斯"落荒而逃"之后，你便能看到一个更加强大的他。乔布斯在斯坦福大学演讲时，这样说：

当我十七岁的时候，我读到了这样一句话："如果你把每一天都当作生命中最后一天去过，那么有一天，你会发现，你是正确的。"这句话给我留下了难以磨灭的印象。从那天起，至今三十三年，我每天早晨都会对着镜子问自己："如果今天是我生命的最后一天，我能不能完成今天想做的事情呢？"当答案连续多天是"No"的时候，我知道，我需要改变某些事情了。

"记住你即将死去"是我一生中遇到的最重要的箴言。它帮我指明了生命中重要的选择。当你的灵魂赤身裸体地经过你的坟墓时，你获得的所有荣誉、骄傲和所有难堪与失败，都变得没有任何意义。记住"你即将死去"是我知道避免这些想法最好的办法了，别在死去后悔恨自己曾经的颓废，要倾听自己内心的声音。

一年前，我被诊断出癌症。检查清楚地显示，我的胰腺有一个恶性肿瘤。我当时并不知道这意味着什么，医生告诉我，我还有三到六个月的时间活在这个世界上，然后让我整理好所有的一切，那是医生对临终病人的标准程序。那意味着，我必须把在未来告诉孩子的话，在几个月时间里说完；意味着要把每件事情都安排好，让家人尽可能轻松地生活；意味着，你要对这个世界说再见了。

我拿着诊断书整整看了一天，那天晚上，医生又为我做了一个活切片检查，一个内窥镜从我的喉咙里伸了进去，通过我的胃，然后进入了我的肠子。一根针从我胰腺的肿瘤上取出了几个细胞。

我当时被麻醉了，可我的头脑是清醒的。医生在显微镜下观察完这些细胞后，他们开始尖叫，我的妻子告诉我，这些细胞是一种非常罕见的可以用手术治愈的胰腺癌症细胞。那是我最接近死亡的时候，我做了手术，现在我痊愈了，我也希望这也是我今后几十年最接近的一次。

从死亡线上又活了过来，我可以比以前把死亡只当成一种想象中的概念的时候，更肯定一点地对你们说：

没有人愿意死，即使人们想上天堂，也不会为了去那里而死。但是死亡是我们每个人共同的终点。从来没有人能够逃脱它。因为死亡就是生命中最好的一个发明。它将旧的清除以便给新的让路。你们现在是新的，但是从现在开始不久以后，你们将会逐渐地变成旧的然后被送离人生舞台。我很抱歉这很戏剧性，但是这十分地真实。

你们的时间很有限，所以不要将它们浪费在重复其他人的生活上。不要被教条束缚，那意味着你和其他人思考的结果一起生活。不要被其他人喧嚣的观点掩盖你真正的内心的声音。还有最重要的是，你要有勇气去听从你的直觉和心灵的指示——它们在某种程度上知道你想要成为什么样子，所有其他的事情都是次要的。

很遗憾，你并不能从这个故事中发现任何晨型人的痕迹。但是，晨型人的内涵究竟是什么呢？那就是有效地去利用时间。就像乔布斯一样，不要把时间浪费在其他的生活上，要听从内心的呼唤，去追求自己的理想。

李健熙：比员工早半个小时

三星集团是韩国最大的跨国集团，也是全球上市企业五百强。据韩国"财阀网"2014 年统计，三星集团和现代集团年利润超过四十三万亿韩元，占韩国全体企业总营业利润的 30.4%，换言之，如果三星和现代等几个企业没落了，韩国经济也将陷入崩溃。

一家企业足以影响一个国家，三星这个韩国企业界的巨无霸，从 1938 年成立至今，究竟是什么在支撑着它？看了三星总裁李健熙的故事，想必你能从中找到答案。

三星集团是一个家族企业，由李氏家族世袭，传至第三代的时候，李健熙成为现任集团会长。2001 年 7 月，刚任总裁不久的李健熙，决定实地考察一下三星的销售情况。于是，他带着最信任的六名副总前往美国纽约。他们跑了很多大型的商场，可是一路下来，李健熙愁眉不展。他们去的所有商场的电器柜台里，摆放的大小电器，全部都是日本的索尼和松下的产品。

回到住处，李健熙将自己关在房间里，不吃不喝，而且谁也不见，守候在门口的六名副总战战兢兢。这种状态一直持续了一个下午。晚上六点多的时候，屋门打开了。六名副总忐忑不安地一个个都进去了。

只见李健熙面无表情，拿出红包给他们一人发了一个。在韩国的公司，有一条人人皆知的企业规则——除年终外，当老板决定不再聘用某个人的时候，辞退之前都会给对方发一个红包，以示抚恤和安慰。六名副总接过红包，吓得不约而同地"扑通"一下跪倒在李健熙面前。

市场反馈不好，副总难辞其咎，总裁自然要大开杀戒，他们急忙恳求：

"请再给我们一次机会吧，让我们来逆转颓势。"

李健熙先是一愣，转而哈哈大笑，他连忙一一扶起六名副总安慰道："你们理解错了，给你们发红包不是要辞退你们，而是要让你们去把索尼和松下的大小电器统统买回来，我们一起来研究一下，究竟它们的产品好在哪里，我们三星的产品有什么缺陷。"六名副总恍然大悟，喜极而泣，急急忙忙地带着红包奔赴了美国各大商场。

六名副总在李健熙的鞭策下，办事效率奇高，到了当天晚上九点多的时候，索尼和松下的各类产品已经被陈列在了宾馆。第二天一早，李健熙和副总们带着大大小小的产品回到了韩国。

接下来的一段时间，三星的技术员工一一拆解了这些产品。长久沉浸在自己很强大的幻想中的三星公司管理层们震惊了，索尼和松下的电器内构果然比三星的产品先进很多。这个结果对李健熙触动很大，他愤然喊出了这样的口号："除了老婆和孩子，一切都要变！"

至此，三星公司开始了在自我鞭挞中奋进。首先要改变的就是原来宽松的上班时间。李健熙决定将上班的时间提前两个小时，由原来的九点改为早上七点，想通过更长时间的工作来弥补自己的"欠账"。

公司要奋进，却缩减全体员工的休息时间，这自然引来了所有人的反对。他们不断地反映，早晨七点上班太过离谱，起床、吃早饭、送孩子上学，哪件事情不需要时间？

面对近乎全员的声讨，李健熙不为所动。在新制度施行的第一天，早晨七点，李健熙便带着秘书早早地站在了公司的门口。他弯腰30°，迎接每一名前来上班的员工。

这时候的李健熙已经五十九岁了，他以鞠躬式的方式站立二十分钟后，双腿就开始不由自主地发抖，但他仍然咬牙坚持着。

由于新制度并不得人心，所以一直到八点半，才有一些员工陆陆续续地来到公司，李健熙此时已经是强弩之末了，却仍旧强颜欢笑，对他们弯腰，鞠躬，然后说谢谢。太阳慢慢地升起来了，李健熙已经大汗淋漓，面色发白。

李健熙的秘书和助理们很担心他的身体状况，反复劝他，表示自己愿意替他鞠躬。但是不管他们怎么劝，李健熙还是依然如故。从早上七点一直到九点，两个小时后，李健熙迎接完了三星最后一名员工，他也因体力耗尽，一头栽倒在地上，被送进了医院，被救醒后，李健熙表示，第二天自己还要这么做。

李健熙的坚持激起了三星全体员工的斗志，从第二天开始，所有员工都在七点准时赶到公司，开始了高效的工作。

两年之后，一条新闻震惊了世界：三星电器全面超越日本电器，成为全球电器市场上最大的品牌。

科比："我知道洛杉矶每天早晨四点钟的样子"

　　百度百科是这样介绍科比的：科比是 NBA 最好的得分手之一，突破、投篮、罚球、三分球他都驾轻就熟，几乎没有进攻盲区，单场比赛 81 分的个人纪录就有力地证明了这一点。除了疯狂的得分外，科比的组织能力也很出众，经常担任球队进攻的第一发起人。另外，科比还是联盟中最好的防守人之一，贴身防守非常具有压迫生。

　　2015 年是科比奋战 NBA 的第十九个赛季，由于伤病的困扰，科比表现不佳，备受争议。然而，在球迷心中，健康时如神一样的科比是无法从脑海里被抹去的。在篮球界，他绝对是一个让人畏惧的男人。当他说出那句"你知道洛杉矶每天早晨四点钟是什么样子吗？"时，所有对他的质疑都不攻自破。一个天赋异禀并且能持之以恒坚持训练的选手，是值得所有人尊敬的。

　　有一次，一个记者问科比："你为什么能如此成功呢？"

　　科比反问道："你知道洛杉矶每天早晨四点钟是什么样子吗？"

　　记者摇摇头，表示不知道，又问道："那你说说洛杉矶每天早晨四点钟究竟是什么样？"

　　科比挠挠头，像个大男孩儿，他说："满天星星，寥落的灯光，行人很少。"说到这里，他笑了，又补充道，"但不管究竟怎样，和我都没有太大的关系，你说对吗？每天洛杉矶早上四点仍然沉浸在黑暗中，我就起床奔跑在黑暗的街道上了。一天过云了，洛杉矶的黑暗没有丝毫改变，两天过去了，黑暗依旧没有改变，十年过去了，洛杉矶四点的街道还是那样，一片黑暗，可是我，却成了肌肉强健，有体能，有力量，有着高投篮命中率的运动员。"

（注：科比职业生涯命中率为 45.1%，在后卫当中，这个命中率相当出众。）

对于科比凌晨四点训练的真实性，美国知名的训练师罗伯特·阿勒特在《我和科比的训练故事》一书中有清晰的阐释，书中记录了这样一个故事。

在备战 2012 年伦敦奥运会的一段时间，罗伯特带领美国男子篮球队来到了拉斯维加斯。那是队员们开始合练的前一个晚上，一直忙碌到深夜的罗伯特正准备上床休息，这时候，他的电话响了，他一看时间，已经是凌晨三点半了，这时候谁会打电话呢，难道出了什么意外事故？

罗伯特忐忑不安地拿起电话，电话那头传来了科比的声音："罗伯特先生，希望没有打扰到你。"此时科比已经是明星级球员了，却没有一点儿大腕儿的架子，尽管罗伯特已经困倦难当了，他还是有礼貌地问道："怎么会呢，科比，你有什么事情吗？"科比请求道："罗伯特先生，你能来帮我做点儿体能训练吗？"罗伯特当时惊呆了，现在已经凌晨三点多了啊，他决定去一看究竟，便很快赶到了训练馆。

此时，不知道什么时候已经开始训练的科比，满身大汗，就像刚从水里爬出来一样。罗伯特深受感动，强忍着困意，装出一副精神饱满的样子，用了近两个小时，帮科比完成了体能训练和力量训练。到了早晨六点的时候，罗伯特实在是坚持不住了，只好对科比道歉，回到宾馆休息。

预定于上午十一点的计划训练时间很快就到了，只休息了四个多小时的罗伯特头晕目眩。当他赶到训练馆的时候，看到科比仍然满头大汗地在练习投篮。罗伯特贴过去好奇地问道："科比，你什么时候结束呢？"科比笑着问他："结束什么呢？"罗伯特说："投篮训练啊。"科比长出口气，投出了手中的篮球，一道美妙的弧线划过，篮球稳稳地落入筐内，科比这才说："你看，这不就结束了吗？"这是科比一天中投中的第八百个球。

其实，自从科比进入了 NBA，他每天都是这样度过的。罗伯特书中的这次记载，只不过是他漫长职业生涯中再普通不过的一天、一个片段罢了。当他被天才的赞誉包围的时候，很少有人会关注为了摘得这个名誉，他在背后日复一日坚持。晨型人不就是说他这样的吗？

扎克伯格："我的作息时间差不多是程序员的时间"

美国社交网站 Facebook 的创始人扎克伯格，经常被人拿来和比尔·盖茨作比较。两人同为哈佛大学辍学生，年仅 31 岁的扎克伯格已经坐拥 400 多亿美元身家，被人们冠以"盖茨第二"的美誉。也有人称扎克伯格是世界的毁灭者，人们的"时间杀手"，《名利场》杂志称他为"新恺撒"。扎克伯格对记者说："我的作息时间差不多是程序员的时间。别人睡觉了，我还在工作；别人下班了，我仍旧在工作，对我来说，早上六点到八点时很清醒一点儿也不奇怪，只是一般做生意没那么早，所以我还得再等等。"

熟悉扎克伯格的人说："扎克并不是个难以打交道的工作狂，他的办公桌和大家的都一样，不过因为他的家就在公司附近，所以他在办公室待的时间比我们其他人都要长。"已有人说扎克伯格强于产品设计和战略，但弱于企业日常管理和运营。但不管别人怎么评价，他的确是一个天才和怪人的合成体。在你看到他成功的时候，你知道二十岁的扎卡伯格是怎样度过的吗？

扎克伯格习惯了起早贪黑早起晚睡。虽然这与先前案例中倡导的早睡早起相违背，但他的确靠强大的意志力坚持了下来，所以对于早起困难户来说，还有什么借口不早起呢？

扎克伯格从来不去夜店，他说："我就住在斯坦福对面，所以更喜欢参加学校的聚会而不是去夜店。"珍惜时间，不把时间给浪费放纵了是一个人成功的必然选择。

他自己也说 Facebook 不是好东西，它让人感到孤独。社交网络不能替代社交，更多的社交不是把时间花在网络上，而是在现实中。

在他身上，你看到的不是商人的锱铢必较，而是处处展现出的责任感。你知道一个几百亿美元身家的年轻富豪，住什么样的豪宅吗？一套租来的一室一厅的小公寓，这就是扎克伯格的家。2004年，扎克伯格将Facebook从哈佛学生宿舍迁往硅谷。从那时起，他就一直租房住，着装都是很普通的休闲装，生活非常简单。一个曾经起诉过扎克伯格的对头这样评价说："他是我这辈子见过的最穷的富人。"

生活本该是简单的，这就是扎克伯格的态度，你会看到扎克伯格在他的Facebook主页上，引用了"极简主义""革命""消除欲望"等词描述自己，他的早餐通常只是一碗麦片。

一个早起的人，往往是对生活充满了热爱的人，这种爱会展现在方方面面，与是否拥有财富无关。一个早起的人，往往是对未来充满憧憬的人，这种憧憬会让他变得更加要强。当热爱与憧憬碰撞在了一起，基本可以决定一个人这一辈子的基调。

在扎克伯格小的时候，同班有个叫纽芬迪的男孩儿，总是穿得脏兮兮的，身上有一股奇特的味道。有一次老师艾丽塔把两个人组成了一个小组，一起搭建一个建筑模型。

扎克伯格负责模型的主要构造，其他的事情由纽芬迪负责。当扎克伯格聚精会神地完成之后，发现纽芬迪仍呆坐在教室地板上，一点儿任务都没做。这无疑会拖扎克伯格的后腿，别说奖励了，甚至还会被老师批评。好强的扎克伯格简直难以容忍他，站在教室中间大声喊道："纽芬迪，你在干吗，你个蠢货！"

纽芬迪听到扎克伯格的叫喊，急忙起身，发现别的同学基本都要完成任务了，他急得满头大汗、手忙脚乱地搭建模型。可想而知，模型摇摇欲坠，越着急越漏洞百出。愤怒的扎克伯格上去推了他一把，咒骂纽芬迪道"滚，你个白痴"，随后模型散架了，教室里乱作一团，直到艾丽塔从隔壁跑回教室时，扎克伯格仍旧在面红耳赤怒气冲冲地对着纽芬迪骂个不停。

在美国的教育机制里，强调对学生心理的培养，扎克伯格这样出格的行为，显然是不能被接受的。学校一度要开除扎克伯格。在一次交谈中，扎克伯格对母亲说："纽芬迪不但邋遢，而且总拖人后腿，自己并不是要欺负他。"

爱德华夫人和扎克伯格谈了很久，告诉他要博爱、要有绅士风度、多发现别人的优点、多帮助别人。扎克伯格答应尽量克制自己。可是不久之后，因为同样的问题，扎克伯格对纽芬迪大打出手。这次更严重了，校方严正声明，必须要有医院开具的证明，证明扎克伯格心理矫正成功，不会再发生类似的事情，否则将开除他。

爱德华夫妇好生规劝却不见效果，他们甚至一度担心扎克伯格的性格在不久的将来会有严重的暴力倾向。最后他们得知了一个消息，纽芬迪和老师说他原谅了扎克伯格，希望扎克伯格回来上课。当这个消息被告诉扎克伯格的时候，他的心也被触动了，脸上有了异样的变化。

一个周末，扎克伯格跟爱德华夫妇一起，来到郊外一个偏远的地方，这是当地有名的棚户区。在一座半秃的山脚下，一座座窝棚杂乱地堆积在一处。下车之后，艾丽塔老师站在棚户区的入口向他们招手。扎克伯格看到艾丽塔，直往车里钻，这个桀骜不驯的孩子，还是有些害怕他的老师的。

爱德华夫妇紧攥着扎克伯格的手，跟在艾丽塔的身后。穿过一阵阵恶臭扑鼻的小路和一个个矮小破旧的窝棚，每个窝棚里都有人，睁着茫然好奇的大眼睛看他们走过。到了山坡的脚下，艾丽塔在一个小窝棚前停下来。纽芬迪正端着一个破了边的瓷器望着爱德华夫妇，还有扎克伯格。

他脸上挂着热情洋溢的笑容，让他们进棚里。爱德华夫人注意到，这时候的扎克伯格异常安静。

棚里很小，根本没有能坐的地方，到处摆满了东西。棚的最里面，一张破毡子上面躺着一个人。艾丽塔介绍说，这是纽芬迪的奶奶，她因为帕金森病而长年瘫在床上。纽芬迪的妈妈在外做家政服务，常常要深夜才回来。平常，奶奶就由纽芬迪负责照料。

纽芬迪没有跟他们谈话，一直在窝棚里忙来忙去，收拾东西，张罗给奶奶喂饭。窝棚里有一股味道，这个味道就是扎克伯格所厌恶的纽芬迪身上的味道。但是，扎克伯格一直没有说话。离开的时候，扎克伯格一直回头望。爱德华夫人知道，扎克伯格一定意识到自己的错误了。

爱德华夫妇回到家以后，没有和扎克伯格说些什么，倒是扎克伯格问起了棚户区。爱德华夫人又重新给扎克伯格说了关于博爱、仁义的事。扎克伯格只是低着头，没有表示什么。

一个星期后，扎克伯格重新回到学校，性情大变。他对纽芬迪异常友好，主动帮助纽芬迪做力所能及的事情。他跟爱德华夫人说，这样可以让他尽早回家，帮助需要他的人。此后，扎克伯格再也没有常开口向爱德华夫妇要钱了，变得极其自律。

二十年之后，扎克伯格向纽瓦克公立学校系统捐赠了一亿美元，帮助全美最为落后的学校提高教育水平。当年的纽芬迪早已不知去向。那个窝棚区也早已被拆迁，然而在扎克伯格心里，对那个窝棚区是一个遗憾，也是一个心结。

由于要强，扎克伯格和纽芬迪起了冲突，又因为对生活的热爱，化解了两个人的矛盾，他最终做起了慈善。人是会变的，早起不但是一种行为，更是一种态度。

早起的扎克伯格看着每天的第一缕阳光，对一切都有一种新鲜感。综观Facebook 从无到有，飞跃到今天的耀眼成绩，在很大程度上取决于创始人扎克伯格史无前例的不断创新，对未知领域的不断探索和精益求精的工作态度。这本是就是一种超越，这不仅仅因为他有从商天赋的犹太人的血统，也因为他每天对人生的新鲜的体悟。

扎克伯格在创办 Facebook 的时候说："我认为，这是一件伟大的事。"扎克伯格就是这样沿着内心坚定的信念，一路走过来的。在 Facebook 攀升的过程中，他也从未想过要从中得到些什么，名利相比内心对伟大事业的执着，显得无足轻重，钱只是副产品。

在比尔·盖茨和巴菲特发起"捐赠誓言"活动之后，扎克伯格签署了捐赠承诺，在生前或者死后，要将自己至少一半财产捐给慈善事业。年仅二十六岁的扎克伯格说，尽管不少人等到生命后半程再做出回馈社会的决定，但他认为需要资源的慈善事业很多，他不愿继续等待下去。

扎克伯格热衷于慈善事业，并不是因为他钱多得撒不出去，说到底还是因为他对钱、对财富的认知。由于对生活的热爱，他把自己所从事的工作看成了一种享受。

在Facebook的初创阶段，雅虎前首席执行官特里·塞梅尔有意收购它。但是让他没有想到的是，自己这个在世界上都鼎鼎有名的人物，却在一个二十六岁的毛头小子面前碰了一鼻子灰。

当时的情况是这样的。特里·塞梅尔首先给扎克伯格打电话，声称有意收购Facebook，扎克伯格想都没有想，即刻就结束了这场谈话。在扎克伯格的意识里，从来就没有想过要把Facebook卖出去，尽管他曾经遇到过相当多的波折。特里·塞梅尔是个生意人，他知道这个电话的拒绝意味着什么，首先他没有在电话里明确收购价格，甚至给这个Facebook总裁私下里什么好处，尽管这在美国的经济体制里不被允许，但是特里·塞梅尔知道，没有人会跟钱过不去，于是在一个下午，特里·塞梅尔到了扎克伯格在公司附近的租住地。扎克伯格并不在家，通常情况下，扎克伯格要很晚才回来。迎接他的是扎克伯格的女友——普莉希拉·陈。

特里·塞梅尔进到屋子里以后，对房间里的摆设相当惊讶。他不相信，Facebook如日中天，这样一个有着无比广阔前景的公司的CEO，竟然会住在这样一个简陋的房子里。他心里暗想，或许Facebook正面临危机，繁荣只是假象，或者这个CEO目前如此窘迫，一定会见好就收。

特里·塞梅尔向普莉希拉说明来意后，普莉希拉没有做出表态，这个问题是件大事，需要慎重考虑，特里·塞梅尔提出了十亿美元的收购价，并允诺，可以私下给扎克伯格另外一些股份。特里·塞梅尔并没有说清具体的股份和数目，他只是想探探口风。

普莉希拉没有给他答复，特里·塞梅尔也没有等扎克伯格回来。他期望这个叫普莉希拉、面色有些微黑的女人，或许能给扎克伯格施加一些压力，这样自己就可以少做些打算。

普莉希拉说："我记得当时我们就雅虎的收购提议进行了一次深刻的交谈。然后我们确定了我们的人生目标到底是什么，我们在生活中追求的到底是什么。最后我们一致认为，我们更喜欢一些简单的事情。"

这一次"深刻的交谈"，发生在特里·塞梅尔拜访扎克伯格的住处之后的第二天。当天下午，扎克伯格回到住处后，普莉希拉正在等他。两人在客厅里坐定后，普莉希拉就跟他说起特里·塞梅尔有意收购的事情。扎克伯格立时就变了脸色，他说，我不会卖掉我的孩子，即使我身无分文。扎克伯格的反应，普莉希拉有些震惊。普莉希拉内心里，是有一些动摇。十亿美元对个人来说，真的是个非常巨大的数字。扎克伯格平时并不健谈，唯独这一次，他说了很多。从 Facebook 创业之初遇到的问题，到成员反目解散、利益纠纷、网站困境等。普莉希拉听得出来，扎克伯格只是把 Facebook 当成了事业，用他的话来说是当成了孩子。他珍惜并享受 Facebook 成长的过程。普莉希拉是一位华裔女子，有着东方女子特有的包容和厚重。谈话进行了很久，普莉希拉最终跟扎克伯格达成共识，Facebook 是我们共同的孩子。钱远不比孩子重要。财富能给你的只是对生活、对快乐的困扰。

这次谈话之后的第二天，特里·塞梅尔不请自来。还没等他开口，扎克伯格张口就说，如果你是来谈天说笑的，随时欢迎；如果你是来谈收购的，现在就送你出去。特里·塞梅尔没有被这阵势吓倒，他继续说起私下允诺股票的事情。于是扎尔伯格起身进了里间卧室。后来，特里·塞梅尔只好一个人出了卧室。

特里·塞梅尔后来对媒体感慨地说，从来没有人能够禁得住十亿美元的诱惑。

特里·塞梅尔并没有就此放弃，他在 Facebook 的高层里放出了话，并在媒体上公布了收购意愿。Facebook 正在成长的初期，那个阶段扎克伯格在公司的管理上，对待员工极其严苛。既然有人愿意出那么高的价钱，只是转手相让的事情，Facebook 的元老级人物内，意见出现了分歧，各有主张。收购的事情，在员工中间也掀起了不小的波澜，毕竟换个 CEO 或许对待员工会更好一点。很快，Facebook 内部人心浮动。接着，因为 Facebook 推出了"动态新闻"的功能，并作出了对社会开放 Facebook 注册的决定，这两项战略策略，遭遇到用户的强烈抵制。雅虎方面见这阵势，顺势将收购价格降到了 8.5 亿美元。即刻，Facebook 内部掀起了一阵风暴。

对财富的淡薄，对理想的执着坚持，还有 Facebook 内忧外患的困境，都在困扰着扎克伯格。普莉希拉曾经在媒体前证实："拒绝雅虎十亿美元收购的那段日子，曾是扎克伯格生活中心理压力最大的一段时期。"

扎克伯格曾经试图说服那些急功近利的人，让他们改变对金钱的认识，但是收效甚微。董事会逐渐施压，扎克伯格的铁血性格，使他斩钉截铁地做出了一个决定。在一次董事会上，扎克伯格果断地撕烂了雅虎递交的协议书，Facebook 因此得以保全。

扎克伯格对待财富的态度，在铸就 Facebook 一路成长的同时，更给我们带来很多的思考，是的，财富相比起内心的快乐和真实无华的生活，永远都是次要的。

不是因为他是扎克伯格所以才要强、才热爱生活，而是因为他热爱生活和要强，所以他才成了扎克伯格。做一个晨型人吧，在晨光熹微中体验生命，升华自己吧！

杰克·韦尔奇：晚上九点睡觉，凌晨两点起床

　　美国通用电气 CEO 杰克·韦尔奇是一个标准的晨型人，每天晚上九点睡觉，凌晨两点起床运动，然后读书、看报纸、思考，同意涉及金额巨大的生意和企业布局，他都是在这段清醒的时间内拍板的。杰克·韦尔奇说："人最重要的是自信，从小母亲就这样教导我。每天起得早，太阳还没出来。从天亮时的黑暗，到太阳冉冉升起，再到光明普照大地，这就像人生的起起落落，见得多了，一切都能坦然面对了。这更让我拥有无比的自信，熬过人生一个个低谷，我相信，我总能等到太阳。"

　　杰克出生在美国一个中产阶级家庭，既不过于贫穷也算不上富裕。父母结婚十六年后才有了这个独生子，所以对他显得无比地宠爱。他的父亲从事铁路建设工作，每天早出晚归，很少有机会教导杰克，他性格沉稳，平时话也不多，很少对杰克发号施令，所以，杰克的早教工作全由他母亲一手操持。

　　很显然，这是一位成功的母亲，与其他的母亲不一样，她每天都要求杰克早起，以便磨炼他的意志力，提升他的能力。这为杰克以后的成功奠定了基础。

　　杰克非常爱戴他的母亲，他说："她是一位非常有权威性的母亲，总是让我觉得自己什么都能干，是我母亲训练了我，要我学习独立。每次当我的行为稍有越轨，她就一鞭子把我抽回来，但通常都是正面而且建设性的，还能促使我振作起来。她向来不说什么多余的话，总是那么坚决，那么积极，那么豪迈。我总是对她心服口服。"

　　每天早晨起来，杰克的母亲都会对他再三叮嘱，传授他人生最重要的三件事：坦率的沟通、面对现实、主宰自己的命运。这三件事，在他日后的管理生

涯中，被发挥得淋漓尽致。

杰克小时候有点口吃，到了成年后仍然如此。换作别人肯定会觉得自卑。但是杰克的母亲说这算不得什么缺陷，只不过是想的比说的快些罢了。这不但不能说明杰克有缺陷，反而让杰克知道自己思维比别人更加活跃。她巧妙地把杰克的劣势变成了一种激励，让他知道掌握自己命运的重要性，这是她给予杰克最大的财富。

事实上，略带口吃的毛病并没有阻碍他的发展，而实际上注意到这个弱点的人大都对他产生了某种敬意，因为他竟能克服这个障碍，在商界出类拔萃。美国全国广播公司新闻部总裁迈克尔对他十分敬佩，甚至开玩笑地说："他真有力量，真有效率，我恨不得自己也口吃。"

杰克从小就非常喜欢运动，每天都会早早起床跑步，在运动项目方面，尤其喜爱曲棍球，还经常和同学到其他城市去参加比赛。别的孩子出远门父母都要陪着，可是母亲很早就把他当大人一样看待，她总是把杰克送上火车，让他独自去参加球赛。在中学的时候，杰克当上了曲棍球队的队长，他说自己的领导才能是在球场上培养出来的，而自信是在晨跑中练就的。

"我们所经历的一切都会成为我们信心建立的基石。当你被选为一支球队的队长时，当你在球场中选队员时，你就掌握了这支队伍。然后事情就这么发生了——渐渐地，你会习惯了这些经验，而且人们也会信任你，给予你善意的回应。"

孩提时期的杰克常常去一个被他们叫作"坑洞"的废弃采石场里玩耍，和邻家的孩子一起聚集在这里打棒球和篮球。孩子们打起球来总是乱成一团，杰克则在其中扮演着主导人物，他组织队伍，控制一切局面，但有时也免不了因为各种原因和人打斗。就是这么一个"破破烂烂的场地"最早流露出了杰克强烈的竞争性。当时一个叫佐尔的玩伴（后来当上了马萨诸塞州地区法院的审判长）回忆道："杰克虽然十分守规矩，但总是争强好胜，不屈不挠，爱和人争论。"杰克曾在一次篮球比赛中痛斥佐尔，骂他把球拱手相让，叫佐尔感到吃惊的是杰克缺乏自制力："这话本应私下说，可他从来不这么想。"

　　杰克的中学成绩应该是可以保证他进入美国最好的大学，但因种种原因而事与愿违，最后他进入了麻州大学。开始他感到非常沮丧，但进入大学之后，沮丧就变成了庆幸。

　　"如果当时我选择了麻省理工学院，那我就会被昔日的伙伴们打压，永远没有出头的一天，然而这所较小的州立大学，让我获得了许多自信。我非常相信一个人所经历的一切，都会成为建立自信的基石：包括母亲的支持、运动、上学、取得学位。"事实证明杰克是麻州大学最顶尖的学生，看来他没有到麻省理工学院是对的。

　　担任杰克大学班主任的威廉当时也看出了杰克成功的初期征兆："是他的双眼，他总是很自信，他痛恨失败，即使在足球比赛中也一样。"

　　"自信"在日后成为通用电气的核心价值观之一，杰克说："所有的管理都是围绕'自信'两个字来展开的。"

　　大学毕业后，杰克接着攻读研究生课程。1960 年，他在伊利诺伊大学获得了化工博士学位后，同时获得了三份工作。而他最终选择了通用电气公司。

　　"它在马萨诸塞州，也就是我的发迹处，所以感觉上就好像是回家一般。这听起来或许有点儿荒谬，但是在当时，这却是一个很重要的原因。"另外，杰克还感觉到，在一个规模极大的公司体系中，可以将自己的博士学问派上最大的用场。

　　那是秋季的一天，杰克到通用电气公司面试，开始的时候，他见到了化工材料部门的研究人员，他们希望他到蒸蒸日上的塑料厂工作。因为他们对这个年轻的博士印象很深刻，他们害怕消息一旦被传开，化工开发所准会把他弄走。材料部门和开发集团之间一直存在着某种对抗，但杰克并不了解。

　　材料部门让杰克一直待到下午 4 点，最后才不情愿地让化工开发所的研究员福克斯会见了杰克，还预先告诉福克斯说，这个年轻的博士要在一个小时后赶回去的火车。福克斯果然从杰克身上发现了某种优秀的品质，就开始鼓动他留下。最后，他劝说杰克别去赶那趟火车，当天就留下，第二天就去上班。杰克当时的感受是："到了傍晚，我在他的热情影响下已经变得情不自禁了。他的想法让我感到着迷，我迫不及待地想为他工作。"

1960 年 10 月 17 日，杰克开始了在通用电气公司的职业生涯，担任化工工艺工程师。他的第一项任务是找到一个制造 PPO（一种用于化工的新材料）的示范场地，把工厂建立起来。他在匹兹菲尔德找到了一座破败的楼房，与同一天参加工作的另外一名化学专家花了一年时间建立了这座工厂。

杰克干了一年之后，1961 年 10 月，他得到了第一次的年度评语，对他的评价很高。他创造了一和非常快速的流程。但通用电气公司只按照标准给他加了一千美元的年薪。因为无论表现得好与坏，每个人都获得了同样的加薪。

杰克感到非常气愤，也很沮丧，他把福克斯的老板称作"吝啬鬼"。另外他还抱怨说："那个老板没有将化工开发所当成一个研究机构来对待，他的态度好像自己是个精明的会计师。我们只有一部电话，电话铃响的时候，我们只能用一根长线把电话拖来拖去。那个人非常小气，不过人倒是个好人。"

杰克毅然决然地辞去了工作，接受了位于芝加哥的国际矿物化学公司提供的职位。这位通用电气公司未来的董事长，仅仅待了一年，就因为薪水问题而辞工，未免有些古怪，可见杰克对不公平的忍耐程度是非常有底线的。就在老板准备给他开欢送晚会的头天晚上，通用电气公司总经理亲自飞到这个城市，向他提出了几乎无法抗拒的条件：假如他留下来，公司将在经济上让他感到值得为它工作下去，公司还要向已经雇用了他的那家公司道歉，并赔偿他们因此造成的经济损失。杰克接受了，并认为那是"一剂医治创伤的良药"。

随后杰克成了 PPO 工艺开发项目的领导人，与他一起工作的五人小组的任务是将 PPO 转变成具有商业价值的产品。但这种材料看起来并不具有很多潜在的市场价值，因为它很难塑造成型。但杰克坚持搞下去，后来终于找到了突破口，制成了一种在高温下具有很高的强度，并且容易塑造的材料。这种塑料制品的商品名称叫"诺瑞尔"。

1965 年，杰克劝说通用电气公司接受他的想法，由他建造一座价值一千万美元的工厂生产诺瑞尔。到了该指定一名经理的时候，没有几个人愿意接受这个工作。在化工材料企业搞聚碳酸氨脂（另一种塑料制品）的科学家们，都不准备拿自己上好的职业来做赌注,为一种没有证明商业价值的产品去冒险。只有杰克渴望这个工作,他的请求被答应了,不久,工厂的设施到位了。

但此时,搞聚碳酸氨脂的人们与诺瑞尔的开创者之间的矛盾激化了,杰克知道这是一场艰苦的战斗,但是他所具有的能力却是其他搞技术的人们所缺乏的,那就是销售一种产品的能力。他感觉到,应该先把诺瑞尔卖给通用电气内部的诸多企业。当时,所有的家用器具都是用金属制造的,人们还不曾想,假如用塑料代替金属,便可以使产品变得既廉价又轻便。杰克到公司内部的器具企业去提出这个建议时,他们最初的反应是小心翼翼的。

然后杰克在他的工厂用诺瑞尔制造出了电动罐头起子,而不是用金属,这样他就有了一种可以销售的终端商品了。他把起子向人们展示之后,人们相信,诺瑞尔还可以有许多其他用途,包括汽车车身和计算机外壳等。由此杰克获得了"推销天才"的名声。但是,在当时塑料企业二千六百万美元的销售额中,诺瑞尔仅仅占一百五十万美元,而聚碳酸氨脂却占了九百万美元。1968年,杰克当上了以上两个塑料制品部门的领导人,成为通用电气公司最年轻的一位总经理。

现在,他可以销售最富有潜力的塑料制品——聚碳酸氨脂制品了。有了它,杰克才有能力将通用电气公司的塑料企业推向更高的高度。由于当时的市场对塑料制品的需求不大,杰克开始到处奔走相告,几乎走遍了可能走到的大小市场,不断地让那些婴儿奶瓶、汽车、小器具用品的制造商们了解,利用塑料来制造这些东西,不但便宜、轻巧,而且更加耐用。

塑料推销商一般都是由技术人员来担任,由于他们大多缺乏丰富的想象力,他们不愿意与人直接打交道。杰克从中看出了一个契机,他认为塑料企业没有什么理由不像其他企业那样重视客户服务,他认为在推销时要一把扼住顾客的喉咙,即使不这么干,至少也得握住他们的手。这为 GE 日后确立服务理念打下了根基。

杰克和他的工作小组还设计了一则电视广告,广告中有一对野牛冲进了一家瓷器用品店,结果店里面所有的东西都摔得粉身碎骨,只有塑料制品完好无损。这个广告获得了空前的成功，聚碳酸氨脂的使用终于引发了制造业的材料革命，美国消费者对这种比金属和玻璃优点更多的材料十分青睐，它成了世界上最为重要的塑料。杰克负责的塑料企业首次升格为一个部级企业。

在塑料部的工作为杰克一生的成功奠定了根基。他说："我这一生中最兴奋，同时也是最值得纪念的时光，将会是那段与工作小组的同事们共同努力，使塑料部门在匹兹菲尔德突破成长的璀璨岁月。官僚体系是无法在这种环境下立足的，因为快速流动的水不会结冰。"

由于杰克在塑料企业的工作非常成功，他被指定负责其他企业，包括医疗系统和钻石企业。这些是通用电气公司中较老的企业，杰克和他周围的人们对这些庞大的官僚机构，颇有不赞成的看法。他渴望动摇这一切，不过当时这些企业简直是一动也不能动。他在行政管理方面做了许多改变，但有的能够奏效，有的却没有用处。

杰克试图要人们就这些企业提出许多本质方面的问题。为什么我们要按照现在的方式销售产品？为什么在发货方面要消耗 60 天而不是 30 天就行？杰克激发起了人们的很大干劲，虽然遇到过挫折，但是他意识到，对企业的这种深刻的探索，是能创造出奇迹来的。

"他把这一切当作一种风格来发展"，通用下属的全国广播公司电视网总裁赖特这样讲道："杰克认为，总有一条道路，即使不是通向成功，至少也能通向知识。这能让事情得到发展。当你提出一个问题时，你就得拿出解决的办法，最后你总得干点什么才成。他的方法是督促人们做出决定，而不是要一个委员会花费很长时间来做出同样的事情。"赖特曾与杰克一起在塑料企业工作，在他眼里，杰克是一名"十分激进的经理"。

1977 年 12 月，杰克复提升为消费产品与服务部门的资深副总裁与首席执行官， 以及通用电气信托公司副董事长。在匹兹菲尔德居住了 17 年以后，在 CE 董事长雷格·琼斯的一再督促下，他终于和家人一起搬迁到了康涅狄格州的公司总部。

这时候，1968 年时销售额仅仅为四千万美元的那个塑料企业，已经达到了年销售额将近五亿美元，平均增长率为 50%。到 1981 年，它成了一个价值十亿美元的企业，是通用电气公司增长速度最快的企业部门之一，也成了杜邦公司和陶氏化学公司最有威胁的竞争者。也就在同年，年仅四十五岁的杰克·韦尔奇正式接替琼斯成为 GE 的第八位首席执行官，这是这家公司九十二年来最年轻的首席执行官。琼斯对于自己的眼光非常满意："我们需要一位深思熟虑且敢于冒险的企业家 ——不仅如此，他也必须了解该如何在这个巨大的企业体系中拓展工作。因此，在才智能力上的需求，远远地超过了那些较不复杂的组织在这方面的需求。"他认为杰克正是这样的人选。

接下来的事情大家都知道了，杰克竟然拿这个"优秀"的百年老店开刀，让它发生了翻天覆地的改变。改变的根源就来自长久以来无法粉碎的"心结"："当我越是进入通用电气公司的内部时，就越会发现其中所存在的官僚、层级，以及所有种种不利的特质。外界常说商业是一场非常严肃的角力、拳击，但事实上并非如此，商业其实是一种集理念、乐趣、兴奋、庆贺于一身的集合体。"杰克如是说。

纵观杰克·韦尔奇奋斗的一生，每一次决策与重大决定，都能看到儿时那个自信孩子的身影。早起的习惯一直伴随着他，不但让他学到了更多的知识，更让他对"一定能等到太阳"的自信与豪迈充斥了胸膛。所以，早起吧，做一个晨型人，让自信伴随你成长。

本杰明·富兰克林：五小时成就人生

本杰明·富兰克林曾说过："早睡、早起，健康、财富、聪明将会伴随你。"作为18世纪美国最伟大的科学家、发明家、政治家、外交家、哲学家、文学家和航海家，美国独立战争的领袖，资本主义精神的代表，他尚且将勤勉和诚实放在首位，我们有什么理由不效仿呢？

与很多励志故事一样，童年的本杰明·富兰克林也辍学了，十岁那年，他离开了学校，成为他父亲的一位学徒，然而与其他故事不同的是，富兰克林除了爱读书以外，并没有显露出别的什么特别的天分。但就是这样平凡的一个人，在逝世半个世纪后，不但成了美国最受尊敬的政治家和著名的发明家，而且还是一位多产的作家及成功的企业家。

从一个辍学的孩子到被万人敬仰的伟人，这期间究竟发生了什么呢？如果你知道这个答案，一定会拍案而起，没错，每天学习一个小时，就这么简单，每个人都可以学会。

这就是很著名的五小时原则。本杰明·富兰克林从成年后，每天都会专门抽出一个小时用来学习。事实上，很多有成就的人都在践行这个原则。巴菲特每天都花费五到六个小时阅读报纸和公司报告；尽管比尔·盖茨已经是世界首富了，能够雇用一大群老师和顾问，但他还是坚持一周读一本书，在接受《纽约时报》采访时他说："阅读仍然是我学习新东西、测试理解力的主要方式。"脱口秀女王奥普拉将她成功的大部分原因归于书籍："书籍是我个人自由的通行证。"家得宝的综合创始人亚瑟·布兰克每天都会花两个小时阅读。白手起家的亿万富翁丹·吉伯特每天阅读1~2个小时。

　　五小时原则对晨型人很有借鉴作用。本杰明·富兰克林说的每天学习一小时，这"一小时"到底该从哪里去找呢？忙着工作的你想想看，什么时候你头脑清晰又有空闲呢？也只有早晨了吧。

　　富兰克林的一小时学习内容包括：早起读书写作；设立个人成长目标并定期跟踪结果；与志同道合并且有抱负的人在一起，让他们在为社会做贡献的同时，也能不断地提升自己；将想法付诸实践；早晚都提出一些问题，并且思考答案。

　　从中你不难看出，那些最聪明最成功的人，其实是真正用心持续学习的人，富兰克林的时间很宝贵，但仍然会从一天中抽出一个小时学习。短期来看，这一天的工作时间减少了，但是长久来看，这是一项极好的"投资"。

　　对于平凡的我们，虽说工作也很忙碌，但是如果早起一两个小时，给自己充充电，是很容易办得到的。如果你的工作确实多，而且基本上占据了全天的时间，那你也一定要记得"留白"。

　　画卷上总会有那么一点儿地方留白，让人充满想象的空间。我们的生活也需要留白，抽出学习的时间。国际象棋大师和世界武术冠军 Josh Waitzkin 在《学习的艺术》一书中描述，他不会去挤压一天的时间来获得最高生产率，恰恰相反，他有目的地在一天内创造闲暇时间，使自己有"空"来学习、创造。在一档电视节目中，他为自己的这种方法做出了解释："我构建的这种生活方式能够使我有时间发展一些创造性的想法，并且能够使我和同事之间的关系更加融洽。在这一创造性过程中，效率很容易得到提高，而且这种微妙的内部工作在紧急关头也能够发挥作用。"

　　像富兰克林一样做一个晨型人，每天早晨抽出一个小时来学习，你将会解决很多实际的问题。

　　如果你利用这一个小时规划学习，就会让你认真考虑自己想要学习的东西。而且，我们不应该只为那些我们想要完成的事情树立目标，也应该为那些我们想要掌握的技能、学会的东西树立目标，并且长久地朝着那个方向执行下去。

如果将这一个小时花在了专门练习上，比之漫无目的地去做事，会让你的职业技能得到提高。这意味着你工作中被人诟病的方面，会因为这短短的一个小时消失不见。

如果你将这一个小时用在了沉思上，就会让你从所学到的经验中领悟更多的观点，也可以让你慢慢地构建起整个处理事情的框架，这样才能使你的工作阶层提高。贝多芬、达尔文、乔布斯都是在清晨散步中思考人生，所以他们才能办别人做不到的事情。我们如果经常沉思，也可以办得到。

如果你将这一个小时用作阅读、谈话、策划、上课或者自省，就会让你的思想境界获得质的提升。例如你是一个雕花销售，如果只是每天机械地工作，打电话—保存信心—继续打电话，你所有的收入都要靠运气，而如果你每天都思考打电话的技巧，并将其应用在打电话的过程中，然后总结得到的经验，就能够让你在下一通电话接通后，获得更大的胜算。

不管怎么说，你早晨拥有的这一个小时的高效时间是由你支配的，究竟要用它干什么，需要你慢慢地去实践，不要怕麻烦，从中找到最适合你的计划，你才能产生执行的动力。

富兰克林还说过一句话："我从未见过一个早起、勤奋、谨慎、诚实的人抱怨命运不好，良好的品格、优良的习惯、坚强的意志，是不会被假设所谓的命运打败的。"

因为少了一颗马蹄钉马掌上的马蹄铁会掉，因为掉了马蹄铁你就会失去那匹马，因为失去了一匹马而少了一个骑兵，因为少了一个骑兵你会输掉了整场战役，因为输了那场战役，你会丢了整个国家。理想的道路上，总有坎坷，所有的源头都在那颗马蹄钉上。每天早早地起床，抽出一个小时学习，你的人生将会因此而改变。

莎士比亚：放弃时间的人，时间也会放弃他

  莎士比亚曾说过："放弃时间的人，时间也会放弃他。""智慧里没有书籍，就好像鸟儿没有翅膀。"他非常珍惜时间，从不放弃点滴空闲，少年时代就在当地的一所"文学学校"学习，在校六年，他每天都会早早地起床，硬是挤出时间，读完了学校图书馆里的上千册文艺图书，还能背诵大量的诗作和剧本里的精彩对白。这是他能在艺术天地里自由飞翔，成为一代艺术大师的秘密所在。

  从小喜爱戏剧的他出生在一个富裕家庭，父亲是镇长，喜欢看戏，经常招来一些剧团到镇上演出。每次，莎士比亚都看得非常入迷。镇上没有演出时，他就召集孩子们仿效剧中的人物和情节演戏。他还自编、自导、自演一些镇上发生的事，很小就表现出了非凡的戏剧才能。

  后来，父亲因投资失败而破产，十三岁的莎士比亚走上了独自谋生的道路。他当过兵，做过学徒，当过瓦匠，干过小工，还做过贵族的管家和乡村教师。在为养家糊口的奔波中，他对各种各样的人物进行了细致的观察，还记录了他们很有个性的对话，这些都为他日后的创作积累了素材。

  二十二岁时，莎士比亚离开家乡独自来到伦敦。最初是给到剧院看戏的绅士们照料马匹，后来他当了演员，演一些小配角。1588 年前后他开始写作，先是改编前人的剧本，不久即开始独立创作。写作的成功，使莎士比亚赢得了桑普顿勋爵的欣赏，勋爵成了他的保护人。借助与勋爵的关系，莎士比亚走进了贵族的文化沙龙，使他对上流社会有了观察和了解的机会，开阔了他的生活视野，为他日后的创作提供了丰富的源泉。

对此，他感到很高兴，因为这样自己能在舞台上更近距离地观摩到演员们的表演。后来，莎士比亚当了"提词"。躲在道具里的他在做好本职工作的同时，还抽空把自己对每个演员演出时的观感记录下来。正当莎士比亚成为正式演员时，欧洲开始流行鼠疫，成千上万的人死去，剧场被迫关门。老板和演员们都出外躲避鼠疫，莎士比亚却选择了留下来看守剧院。在经济极度萧条的两年里，莎士比亚抓紧时间阅读了大量的书籍，整理了自己各个时期的笔记，修改了好几部剧本，并开始了新剧本的创作。等到英国经济复苏、演出重新红火的时候，莎士比亚的剧作一炮打响，他本人也成了最杰出的演员。

从 1594 年起，莎士七亚所属的剧团受到王公大臣们的庇护，被称为"官内大臣剧团"。剧团除了经常巡回演出外，还常常在官廷中演出，莎士比亚创作的剧本因此得以蜚声社会各界。1599 年，莎士比亚参加了伦敦著名的环球剧院，并成为股东兼演员。莎士比亚逐渐富裕起来，并为他的家庭取得了世袭贵族的称号。1612 年，他作为一个有钱的绅士衣锦还乡，四年后就与世长辞了。

他出生时默默无闻，去世时却举世闻名。在整整 52 年的生涯中，他为世人留下了 37 个剧本、154 首 14 行诗和两部叙事长诗。他的剧本至今还在世界各地演出。在他生日的那天，每年都有许多国家以上演他的剧本来纪念他。马克思称他是"最伟大的戏剧天才"。他以奇伟的笔对英国封建制度走向衰落和资本主义原始积累的历史转折期的英国社会做了形象、深入的刻画。

莎士比亚的戏剧可以分为历史剧、悲剧、喜剧。莎士比亚的历史剧具有史诗的宏大规模，虽然讲的是英国过去的历史，却写出了文艺复兴时期的英国社会和当时人们所关心的问题，并具有鲜明的民族特点。代表作有《理查二世》《亨利四世》《理查三世》《亨利六世》等。莎士比亚的悲剧创作不仅具有深刻的批判性质，而且在当时可能达到的程度上最真实地反映了现实。他创造了一系列令人难忘的艺术形象，他们体现着文艺复兴时期的巨人性格，也反映出作者的理想。代表作有《哈姆雷特》、《李尔王》、《奥赛罗》、《麦克白》和《罗密欧与朱丽叶》等。

　　《罗密欧与朱丽叶》讲述的是一对青年一见倾心，但因封建世仇，恋爱受到阻挠，导致二人的死亡。最后，双方家长鉴于世仇铸成的错误，重新言归于好。这出悲剧反映了人文主义者的爱情理想和封建恶习、封建压迫之间的冲突。诗人以抒情笔调，特别是在月夜阳台的两个主人公对话一场中，写出了一首赞美青春和爱情的颂歌。诗人多用日光、月光、星光等代表光明的比喻来形容青春爱情的美，在封建的黑夜中放出了光明。青年主人公虽然最后都牺牲了，但剧本表明美好的事物和真正的爱情是不朽的，死神是无能为力的，在付出一定代价之后，封建偏见可以被克服。

　　《哈姆雷特》是莎士比亚最主要的悲剧作品之一。哈姆雷特的故事，最早见于 12 世纪末的一部丹麦史。

　　丹麦王子哈姆雷特在德国人文主义中心威登堡大学读书。他的叔父克劳狄斯毒死老哈姆雷特，篡夺了王位，并娶了嫂嫂。哈姆雷特回国以后，父亲的鬼魂告诉他自己死亡的原因，他遵照鬼魂嘱咐，决定复仇。同时国王开始怀疑哈姆雷特，在大臣波洛涅斯的建议下，利用大臣自己的女儿、哈姆雷特的情人奥菲利娅去试探他，又指使哈姆雷特的两个同学罗森格兰兹和吉尔登斯前去试探他，都被他识破了。哈姆雷特利用一个剧团到宫廷演戏的机会，证实了鬼魂的话，决心行动。他说服母亲疏远国王，并把波洛涅斯错当国王杀死了。国王派哈姆雷特和两个同学去英国索讨贡赋，想借英王之手除掉哈姆雷特，哈姆雷特发现了阴谋，中途折回了丹麦。这时奥菲利娅因为父亲被情人杀死，疯癫自尽了。国王乘机挑拨波洛涅斯的儿子雷欧提斯以比剑为名，设法用毒剑刺死哈姆雷特。在最后一场比剑中，哈姆雷特、国王、王后、雷欧提斯同归于尽。

　　莎士比亚的剧作是西方戏剧艺术史上难以企及的高峰。在他的戏剧中，展开了如此广阔的生活画面：上至王公贵族，下至生活在社会底层的平民百姓，社会各个阶层的人物都在剧中婆娑起舞，而每个人又有各自的爱憎、伤悲与欢乐，每个人都具有鲜明的个性特征。同是阴险狡诈、极端自私，麦克白与伊阿古不同，同是勇于为理想、正义献身，奥赛罗与哈姆雷特性格各异，不同的人物生活在各自的典型环境中。

莎士比亚剧作的语言，完全是诗化的语言，柔婉如同淙淙流水，激荡如惊涛拍岸，令人回味无穷。据后人统计，莎士比亚所用的词汇在一万五千个之上，并善于用比喻、隐喻、双关语，许多莎士比亚戏剧中的语言已经成了英文中的成语、典故，极大地丰富了英语辞藻。其语言形式则既以无韵诗为主，又杂有古体诗、民谣体、俚谚与轻快滑稽的散文体对话，可谓多种多样、丰富生动，成为构成莎士比亚戏剧艺术大厦的基本材料。

爱因斯坦：不浪费一分一秒

阿尔伯特·爱因斯坦是犹太裔物理学家，他于 1879 年出生在德国乌尔姆市的一个犹太家庭，后于 1900 年毕业于苏黎世联邦理工学院，加入了瑞士国籍，1905 年获苏黎世大学哲学博士学位。由于爱因斯坦提出了光子假设，成功解释了光电效应，因此获得了 1921 年诺贝尔物理学奖，后来他又创立了狭义相对论，1915 年创立了广义相对论。爱因斯坦为核能开发奠定了理论基础，开创了现代科学技术新纪元，被公认为是继伽利略、牛顿以来最伟大的物理学家。1999 年 12 月 26 日，爱因斯坦被美国《时代周刊》评选为"世纪伟人"。

爱因斯坦十分珍惜时间，善于抓住时间进行有效的思考。有一次，爱因斯坦和一位朋友约会。过了很久他的朋友才到，其间，爱因斯坦来来回回地踱步思考问题。当朋友终于赶到，向他致歉的时候，爱因斯坦却告诉他，正是在这一小段时间里，他思考出了一个重要的科学论题的答案。

伟人的成功不是偶然现象，也不只是智商问题，与对时间的把控难以脱离关系，我们常人的智商难以达到爱因斯坦的程度，但如果在时间上都不能多付出，还怎么能够出人头地呢？晨型人早起，就是为了在早上比别人多出两个多小时，从而在人生的长跑中赢得最终的胜利。

爱因斯坦常常会抓住一些细小的时间来解决大的问题。有一次他要把墙上的一幅旧画换下来，就搬来一架梯子，一步一步地爬上去。突然，他又想起一个问题，沉思起来就忘记自己在做什么了，猛地从梯子上摔下来。摔到地上以后，他顾不得疼痛，马上想道：人为什么会笔直地掉下来呢？看来物体总是沿着阻力最小的线路运动的。爱因斯坦想到这里便马上站立起来，一瘸一拐地走到桌边，提笔把自己的这个想法记了下来。这对他正在研究的问题——相对论有了很大的启发。1930年，德国出版了一本批判相对论的书，书名叫作《一百位教授出面证明爱因斯坦错了》。爱因斯坦闻讯后，仅仅耸耸肩道："100位实在太多了，只要能证明我真的错了，哪怕是一个人出面也足够了。"有一次，爱因斯坦走在纽约的大街上。他最好的朋友遇见了他，并对他说："爱因斯坦，你该买件新衣服了。看看你的衣服多旧啊！"但是爱因斯坦却回答说："没关系的，这里没有人认识我。"几年以后，爱因斯坦成为世界著名的科学家，但是他仍然穿着那件衣服。那位朋友再次遇见他，告诉他去买件新衣服。但是爱因斯坦说："我不需要买新衣服了，这里每个人都认识我。"

爱因斯坦常对学生说：学习时间是个常数，它的效率却是个变数，单独追求学习时间是不明智的，最重要的是提高学习效率。他认为必须通过文体活动，才能获得充沛的精力，保持清醒的头脑，爱因斯坦还根据自己的亲身体会，总结出一个公式，即 $A=X+Y+Z$。A 代表成功，X 代表正确的方法，Y 代表努力工作，Z 代表少说废话。他把这个公式的内容，概括成两句话：工作和休息是走向成功之路的阶梯，珍惜时间是有所建树的重要条件。

除此之外，爱因斯坦从小就喜欢运动，早晨起来跑步是他每天必做的事情。他在学习或工作十分紧张的情况下，仍抽空参加多种文体活动，尤其喜欢爬山、骑车、赛艇、散步等体育活动。有人形容他工作时的劲头简直像个疯子，似乎有使不完的精力。爱因斯坦在瑞士苏黎世工业大学就读时，尽管每天学习任务紧张，仍抽出一定时间散步，节假日还要外出旅游或划船。爱因斯坦的这种爱好不但是从兴趣出发，而且也是为了提高学习效率。

爱因斯坦晚年时，还坚持劳动、坚持锻炼，他经常从事一些家务劳动和栽花、浇水、剪枝，还经常邀请朋友去爬山，有意识地磨炼意志，锻炼身体。有一次爱因斯坦和居里夫人及其两个女儿，兴致勃勃地攀登瑞士东部的安加丁冰川。他们按照登山运动员的要求，身背干粮袋，手持木拐杖，顺着山径往上爬。在旅途中，爱因斯坦谈笑风生，十分活跃，好像年轻人一样。从此，人们赠给他一个光荣的称号：老年运动家。

The 5st
Chapter

国内名人篇
——早起三光，晚起三慌张

曾国藩："早起为养生第一秘诀"

曾国藩，湖南湘乡人，被誉为晚清"第一名臣"。他的思想和智慧，深深地影响了几代中国人，甚至连毛泽东都对他钦佩不已。不论是为人处世还是教育子女，曾国藩一生以"勤""恒"二字激励自己，也正是因为如此，他才成为中国近代历史上的"第一人"。

1811 年，曾国藩出生于湖南一个贫穷偏僻之地，年少时他便知道珍惜时间的重要性。他曾说："百种弊病，皆从懒生，懒则弛缓，弛缓则治人不严，而趣功不敏。一处迟则百处懈矣。"所以他抓住一切机会来读书，直到死的那一刻，仍然手不释卷。

曾国藩六岁入私塾读书，八岁就能读八股、诵五经，到了十四岁，《周礼》《史记》等大部头的史诗巨作成了他的案头之作。童年，曾国藩参加长沙的童子试，成绩斐然。1838 年，虚岁二十八岁的他殿试时考中了同进士，此后便踏上仕途，并成为军机大臣穆彰阿的得意门生。在京十多年，曾国藩十年七迁，连跃十级，一路由翰林院庶吉士升迁至二品官位。

在养生方面，曾国藩为子嗣留有《曾国藩家书》。书中写道："我朝列圣相承，总是寅正即起，至今二百年不改。我家高曾祖考相传早起，吾得见竟希公、星冈公皆未明即起，冬寒起坐约一个时辰，始见天亮。吾父竹亭公亦甫黎明即起，有事则不待黎明。"以此来告诫子孙后辈，早起为养生第一秘诀。

在读书方面， 曾国藩又在日记中记载："兹拟自今以后，每日早起，习寸大字一百，又作应酬字少许；辰后，温经书，有所知则载《茶余偶谈》；日中读史亦载《茶余偶谈》；酉刻至亥刻读集，亦载《茶余偶谈》；或有所作诗文，则灯后不读书，任作文可耳。"明确将早起作为每天必须坚持的基本要求之一。在他三十岁的时候，明确地为自己制定了每天读书的十二条规矩：

一、主敬：整齐严肃，清明在躬，如日之升；

二、静坐：每日不拘何时，静坐四刻，正位凝命，如鼎之镇；

三、早起：黎明即起，醒后不沾恋；

四、读书不二：一书未完，不看他书；

五、读史：念二十三史，每日圈点十页，虽有事不间断；

六、谨言：刻刻留心，第一功夫；

七、养气：气藏丹田，无不可对人言之事；

八、保身：节劳，节欲，节饮食；

九、日知其所无：每日读书，记录心得语；

十、月无忘其所能：每月作诗文数首，以验积理之多寡，养气之盛否；

十一、作字：饭后写字半时；

十二、夜不出门。

此后，他严格执行计划，养成了日课有程，持之以恒；博求约守，不拘门户；善于概括；挈长补短，与时变化的读书特点。

养成早起的习惯对曾国藩也是不容易的，为了彻底断绝自己的后路，曾国藩还特意写信给弟弟，让他监督自己："傲为凶德，惰为衰气，二者皆败家之道。戒惰莫如早起，戒傲莫如多走路，少坐轿。望弟留心儆戒，如闻我有傲惰之处，亦写信来规劝。"

在曾国藩的影响和教导下，曾国藩家中人人"黎明即起，洒扫庭除"。

他不但严格要求自己与家人，还对同朝为官的幕僚十分严格。为了严明军纪，曾国藩每天很早就起床查营，然后在黎明时分与幕僚共进早餐，或谈天说地或安排工作，总之要让他们改掉懒散的习惯。

那时候，李鸿章正在曾国藩治下。李鸿章当时生活懒散，总以头痛之名想要多睡一会儿。曾国藩对他的想法心知肚明，于是他要求，大家都到齐了再一起吃饭，若是谁不去，大家就都饿着。在强大的"舆论"压力下，李鸿章改掉了晚起的毛病，他对人回忆说："在营中时，我老师总要等大家同时吃饭；饭罢后，即围坐谈论，证经论史，娓娓不倦，都是于学问经济有益实用的话。吃一顿饭，胜过上一回课。"

曾国藩所处的时代，是清王朝由盛转而为没落、衰败的时代，内忧外患不断地侵袭大清帝国。正是由于曾国藩等人的力挽狂澜，才一度出现了"同治中兴"的局面，他在军事、政治、文化、经济等各个方面都为中国历史留下了辉煌的一笔。伟大的成功和辛勤的劳动是成正比的，有一分付出就有一分收获，日积月累，由少到多，奇迹就可以创造出来。

鲁迅："早"字自励

鲁迅，原名周树人，是中国现代著名的文学家、思想家和革命家，他一生在文学创作、文学批判、思想研究、文学史研究、翻译、美术理论引进、基础科学介绍和古籍校勘与研究等多个领域具有重大贡献。他对于"五四运动"以后的中国社会思想文化发展具有重大影响，蜚声世界文坛，尤其是在韩国、日本思想文化领域有极其重要的地位和影响，被誉为"二十世纪东亚文化地图上占最大领土的作家"。

鲁迅的作品大多没有华丽的辞藻，甚至有些读起来会让人感觉生硬，如同石刻，但是在作品中，他对人、对生活的细致入微的描写和对人内在的微妙心理的刻画却入木三分。教科书中收录了鲁迅的大量文章，其中记载的故事内涵之深刻让无数学子倾倒，很多人形容他是一个斗士，用自己的笔杆来唤醒国人。

路漫漫其修远兮，吾将上下而求索。鲁迅从弃医从文到成为"鲁迅"，不是一天两天能做到的，他从小就以"早起"二字自勉。在人教版初中语文课本中，收录了一篇鲁迅写童年妙趣生活的回忆性散文，名叫《从百草园到三味书屋》，其实，这里发生的不只有散文中的故事，还有一段鲁迅自勉的励志故事。

三味书屋是清末时期设立在浙江绍兴城里一所著名的私塾。鲁迅小时候聪明好学，十二三岁时来到三味书屋，跟随寿镜吾老师学习。他的座位设在教室的东北角上，使用的是一张硬木书桌，他在这张桌前读书、习字足足五年。如今，三味书屋是绍兴鲁迅纪念馆的一部分。踏步进去，你可以一窥三味书屋的全貌，鲁迅当年用过的那张桌子仍立在东北角上，桌面上面刻着的"早"字至今都清晰可见。

在鲁迅十三岁时，他的祖父因为科场案被捕入狱，而鲁迅的父亲身患疾病，一家人坐吃山空，越来越穷。鲁迅经常从家里拿着值钱的物什去当铺典当，然后再去药店给父亲抓药。有一次，鲁迅的父亲又犯病了，他一大早便赶去当铺和药店，无奈人多，鲁迅虽然速度很快，但还是没能按时赶到课堂。

寿镜吾先生十分生气，他呵斥鲁迅："十几岁的学生，还睡懒觉，上课迟到，下次再迟到你就别来了。"

鲁迅听后连连点头，并没有为自己做任何辩解，低着头默默回到了自己的座位上。第二天清晨，鲁迅起了一个大早，用刻刀在书桌的右上角深深地刻了一个"早"字，并在心里暗暗许下诺言：以后一定要早起，再也不迟到。

以后的日子里，父亲的病更重了，鲁迅更频繁地到当铺去当东西，然后到药店去买药，家里很多活都落在了鲁迅的肩上。他每天天不亮就早早起床，料理好家里的事情，然后再到当铺和药店，之后又急急忙忙地跑到私塾去上课。虽然家里的负担很重，可是他再也没有迟到过。

在那些艰苦的日子里，每当他气喘吁吁地准时跑进私塾，看到课桌上的"早"字时，他都会觉得开心，心想："我又一次战胜了困难，又一次实现了自己的诺言。我一定加倍努力，做一个信守诺言的人。"

后来父亲去世了，鲁迅继续在三味书屋读书，私塾里的寿镜吾老师，是一位方正、质朴和博学的人。老师的为人和治学精神，那个曾经留下深刻记忆的三味书屋和那个刻着"早"字的课桌，一直激励着鲁迅在人生路上继续前进。

鲁迅十七岁时从三味书屋毕业，十八岁那年考入免费的江南水师学堂；后来又公费到日本留学，学习西医。1906 年鲁迅又放弃了医学，开始从事文学创作。

1918 年春天，正在编辑《新青年》杂志的钱玄同在与鲁迅交谈时，发现他谈吐不凡，思想激进，很有批判意识，就主动约他写一篇批判旧礼制的文章。一开始，鲁迅并不太积极，写写停停，在钱玄同一再催促下，文章才得以完成。钱玄同接到稿子后，连声叫好，即编即发，5 月 15 日就以最快速度发表在《新青年》杂志第四卷第五号上，中国现代文学史上第一篇真正的现代白话小说、第一篇彻底反封建的新文学作品就这样问世了。最重要的是，伟大的思想家、文学家鲁迅，从此正式登上了文坛。

陈垣：早睡早起几十年

陈垣，字援庵，1880 年出生于广东新会棠下，是中国著名的历史学家、教育家、社会活动家。在宗教史、元史、历史文献学等方面著作等身，受到国内外学者的推崇。他从教七十余年，出任过四十六年的大学校长。至今，在北师大校园内还有陈垣的雕像和出自陈垣"励耘书屋"名字的、被命名为"励耘"的建筑和出版物。他就是晨型人的一个典范。

陈垣的人生经历十分丰富，他坚定地认为："人生须有意义，死须有价值。"二十八岁时，他考入了美国教会创办的博济医学堂，但是因为校方歧视中国人愤而退学。在他的带领下，很多同学都随他去了另一所中国人创办的西医学校。1905年，他与潘达微、高剑父等人创办了《时事画报》，写文章抨击满清政府。

民国二年的时候，陈垣当选为众议员，这时他三十三岁。在到北平之后的十年内，他前后三次出任众议员，其间还当了五个月的北洋政府教育次长，相当于今天的教育部副部长，可谓声名显赫。但是最终他还是辞去了职务，晚年时陈垣回忆说："眼见国事日非，军阀混战连年，自己思想没有出路，感到生于乱世，无所适从，只觉得参加这样的政治是污浊的事情，于是就想专心致力于教学与著述。""弃政从史"后的他，最终成了与王国维、陈寅恪齐名的史学大家。

陈垣一生博览群书，记忆力超群，一直到九十岁那年，他还能把骆宾王的《讨武曌檄》一字不落地背下来。早年在辅仁大学任教时，教员们都把他当作"活字典"，一有不懂的就请教他，陈垣总是耐心地给人讲解。毛泽东评价陈垣是"中国的国宝"，也有人比喻说："他如知道某处有地下伏流，刨开三尺，定然能有鱼跳出来。"即使在中华人民共和国成立之后，陈垣依旧扮演着这个角色，一次郭沫若出访外国时，有一点关于楚辞的疑惑，还打国际长途询问他。陈垣的学生说："在他眼里，前人的错误不知怎么那么多，就像他是一架显微镜，没有一点纤尘逃得过他的眼睛。"

陈垣的知识不是一天就学到的，而是经过长期的积累。他比常人早起了无数个日日夜夜，在艰苦卓绝的环境中创造了惊人的成就，在对《四库全书》进行研究时，他坚持早起了整整十年。

当时，陈垣家在北平城内西南角，而贮藏《四库全书》的文津阁却在城东北。那时候紫禁城前后的东西街道是宫廷禁地，必须要绕道走，从陈垣家到文津阁一个来回，要耗费六个多小时，如果碰上刮风下雨，耗费的时间就更长了。可是陈垣仍然没有放弃，一连十年，陈垣清晨早早地起来，准备好午饭，奔赴文津阁。每天图书馆刚一开，陈垣准时到达，中午就吃带来的饭，这时候早就凉了。等到管理员下班的时候，陈垣才意犹未尽地离开这里。包含了三千多种、三万多册的《四库全书》，陈垣"啃了"足足十年。

陈垣六十多岁研究佛教史时，需要参考一部贮藏在一个阴暗潮湿地方的典籍，那里常年无人，除了湿冷，蚊蝇也多得吓人。即使这样，他都不论冬夏，清晨四点准时起床，吃个奎宁，钻进去就是一天。平时看书写作，除了午后在椅子上休息几分钟，他都是一大早起床，一直忙到晚上十点多，陈垣在一次与北师大毕业生的谈话中说："我已八十二岁，越学习越觉得不够，你们二十八岁还不到，应该学的东西还多得很呢！"以此鼓励学生坚持学习。

虽然收入不菲，但是陈垣从不抽烟喝酒，更别提看戏、看电影了，他几乎将所有的钱都花在了购买书画上。1971年他去世的时候，将收集的四万多册线装书、清代学人手稿和一千多幅字画捐给了国家，其中很多放在今天都以百万元计价。除此之外，他留下的那些著作更是泽被后世，至今仍具有指导意义。

一个人成就的高低，与天赋有关，更与努力有关。那些伟大的人，就是因为从清晨起，牢牢地抓住时间，才成就了无上的荣光。我们即使不能像他们一样，但是如果坚持早起，做一个晨型人，有所成就还是可以办得到的。

李开复：请不要虚度时光

李开复是一位信息产业经理人、创业者和电脑科学研究者，毕业于卡内基梅隆大学，曾在苹果、SGI、微软和 Google 等多家 IT 公司担任要职。他一直给人一副随和、谦恭的创业导师形象。他常常会给年轻人提一些意见，让他们成长，关于早起，李开复曾这样说："才华和时间是人的两大财富，你的才华是以牺牲时间为代价而获得增长的，请不要虚度时光。"

对于如何提高时间利用率，他给了几个建议：

发现自己的爱好，做与人生目标一致的事情。很多人面对不感兴趣的事时，可能会花费 40% 的时间，但只能产生 20% 的效果，但是如果遇到自己感兴趣的事情，他会愿意投入 100% 的时间而产生 200% 的效果。选择好自己的人生目标，做与之匹配的工作，这会真正从心理和生理上改变你。

你要知道自己的时间是怎么花掉的。抽出一个星期的时间，记录下每三十分钟做的事情，然后做一个分类和统计，看看自己究竟在哪儿浪费了时间。一周结束后，如果你真的想改掉陋习，请合并同类项，删除多余项。

使用时间碎片和"死时间"。当你做过时间统计之后，你一定会发现每天有很多时间其实是在不经意间溜掉的。现如今科技这么发达，你完全可以在排队等车、走路的时候，背背单词，打打电话，或者温习功课。生活中，总有人会惊讶，同样是待在一起，为什么别人总是能很好地完成工作，而自己的时间却不够用。其实，他们正是抓住了零碎时间，抽着空就创造了价值。

先做重要的事情。每天我们都有做不完的事情，一件接着一件。所以，清晨起床后，挑选出最重要的三件事，得分清轻重缓急。要理解急事不等于重要的事情。每天除了办又急又重要的事情外，一定要注意不要成为急事的奴隶。有些急但是不重要的事情，你要学会去放掉，要能对人说 NO！而且每天这三件事里最好有一件重要但是不急的，这样才能确保你没有成为急事的奴隶。

现在很多年轻人都在以"没有时间学习"为借口，堂而皇之地去浪费时间。其实，"没有时间学习"换个说法就是"学习还没排在优先事情上"。有一个很形象的哲理故事。有个老师，上课的时候带了两个大玻璃缸和一大堆大小不一的石头。他先在一个玻璃缸里放上小石头和沙子，最后，学生会看到大石头就没法放进去了。在另一个水缸里，他先把大石头放进去，然后再加小石头和沙子，结果可想而知，小石头和沙子从大石头的缝隙中溜了进去。

这个故事说明了什么呢？要学会管理时间，首先就要分清楚事情的优先级，大的重要的先做，小的呢，可以选择慢慢地渗透进去。一旦琐事占满了时间，那么与你攸关重大的事情就做不了了。

要学会运用 80% 与 20% 的原则。人的成就其实是在 20% 的时间里产生的，前面我们也说到过这个原则。李开复对此也深信不疑。他也建议人们，要有效地利用效率最高的时间，也就是早晨。只要 20% 的投入就可以产生 80% 的效率。如果你硬着头皮用 80% 的最低效率时间，产出可能只有 20%，这样就太亏了。一天中头脑最清楚的时候，就应该专注于工作，而与家人、朋友在一起的时间，相对而言不需要头脑特别清醒。这个原则的使用不只限于时间，例如心态问题，当你心境平和的时候就可以做一些困难的科目和思考。

事业不是唯一重要的事情，你还要平衡工作和家庭。曾参教子的故事大家都知道，与家人相处，尤其是孩子，一定要言出必行，做出承诺后就一定要做到，要注意安排好自己的时间，做好计划。要学会忙中偷闲，十分钟的嘘寒问暖可以起到十个小时陪伴的作用。要学会忙中偷闲，学会利用时间碎片。比如家人还没起床，你就可以利用这段时间去做你需要的工作。注重有质量的时间——时间不是每一分钟都是一样的，有时需要全神贯注，有时坐在旁边上网就可以了。要记得家人平时为你牺牲很多，度假、周末是你补偿的机会。

合理地管理时间、利用时间，这就是晨型人早起的目的，如果能按照李开复给出的四条管理时间的建议生活，那么不管是事业还是家庭，都会慢慢地句着你期望的方向发展。

史玉柱：早上五点爬山看太阳

自创业以来，史玉柱就从未淡出过媒体视线，成功过，失败过，但是总也没有被人们忘记。或许民众对脑白金、征途的争议还会继续，但这丝毫不会阻碍他创富的脚步，也不会动摇他在商界的地位和影响力。他成了"中国商业教父群"中一面永不褪色的旗帜。而支撑史玉柱直面大起大落人生的勇气，缘于他从小早起爬山的习惯。

1962 年，史玉柱出生在安徽北部怀远县城，他的父亲在怀远公安局工作，而他的母亲是一个工厂的工人。出生在这样一个小康家庭的他是幸运的，十八岁之前，史玉柱曾随父亲两度前往上海，有幸见识到了上海的繁华。上海南京路上二十四层的国际饭店给了他无比的震撼，站在外滩边上，他的理想也随之而生。

史玉柱从小便养成了爬山的习惯，虽然是被动的，但也足以对他的性格产生影响。试想天刚蒙蒙亮，就要一个人从山脚爬到山顶，而途中，还要经过一片栽满石榴树的坟地，这是什么感受？当一轮红日从天边升起，史玉柱坐在山顶上，眺望天边，对接下来的人生充满了期待。当被问起为什么要爬山的时候，史玉柱说："小伙伴们都在爬山，如果自己不去，那就显得太不合群了。"虽然早起不是他的本意，但他还是被动地接受了这种习惯，直到他离开家乡去上大学。

然而童年这段经历给他人生的影响是深远的，让他更积极，更加坚毅。

1980 年，史玉柱以全县第一的成绩，考入了浙江大学数学系，当时，数学满分 120 分，他考了 119 分，这足以让他自豪。但是仅仅过了一个学期，史玉柱就放弃了自己成为陈景润的理想。

史玉柱说："从图书馆借到《数论》，看了之后，我才了解到数学是那么的难。"和周围同学比聪明，也让史玉柱压力很大。"尤其是长江以南的，成绩好的并不想上清华、北大，都去上了浙大，所以，我们那个班里聪明人太多，学习好的也太多了。"

知道 1+1 不可能突破之后，史玉柱的数学理想破灭了。"我很想做成一件事情。"但是很早地，"我又意识到我做不成这件事情。"这是"我理想破灭的主要原因"。史玉柱再不想成为陈景润了，但还是要度过大学时光，于是童年爬山的乐趣又起了作用。他每天一大早就起床，从浙大跑步到灵隐寺，然后再跑回来，一个来回有十八公里。这么变态的举动，他一坚持就是四年。

大学期间，因为他这"变态"的坚毅性格，还发生过一件有意思的事。那时候，有些上海籍的学生对自己有一种优越感，很歧视外地学生，史玉柱对此十分反感，终于有一天，忍无可忍的他向宿舍的上海籍同学发起了挑战：比赛吃辣椒，谁更能吃谁就赢。没等对方同意，他就舀了一勺辣椒吃下去，上海籍同学只好被动迎战，虽然"五脏俱焚，嘴巴火烧火燎"，但史玉柱还是强忍着取得了胜利，而且他还示威性地又吃了两勺才罢休。这让他赢得了别人的尊重。

早起运动让史玉柱的思维比别人更加活跃，网球、足球、桥牌、集邮等活动，在别人还没有听说的时候，他已经上手了，他对新鲜的事物拥有超乎寻常的兴趣，这也是他不安分人生的开端。

毕业后，史玉柱被分配到安徽省统计局农村抽样调查队，原因是他学的是数学专业，而统计局就是高数字加减的，这与专业很对口。史玉柱对此十分愤慨，他说："数学不是加减乘除，数学主要是逻辑，是大脑体操。"

可是在他调入统计局没几天，就被送去西安统计学院进修，老师是有"抽样调查之父"之称的美国教授。在学习的几个月里，史玉柱不仅了解了国外最新的抽样调查方法，而且发现所有方法都需要计算机。回到单位，他向领导汇报申请，前往广州买回了一台五万元的 IBM PC。然后他与两个助手，用两天的时间完成了二三十人一年的工作。他甚至还编写出一款分析软件，获得了国家大力推广，还获得了二十元奖金，这足以抵得上他半个月的工资。

对很多人来说，能有一个"铁饭碗"是梦寐以求的事情，深圳大学研究生毕业的史玉柱，按惯例很快就会被提干，仕途无可限量，但他还是顶着家人和领导反对的声音，头也不回地辞职下海了。

谁也不会想到，二十七岁的他，在没有任何资金和靠山的高科技领域里，创办了巨人高科技集团公司。他全身上下只有四千元和尚未成型的 M6410 桌面排版印刷系统。为了能买到一台八千五百元的电脑，身无分文的史玉柱，大胆地出价九千五，但是要半个月后才支付。后来，他又以同样大胆的方式在杂志上刊登了广告，他倾家荡产也只能付得起一半的广告费。命运对他是不薄的，仅仅十三天后，他就收到了总价两万元的货款订单。这个年轻人再一次豪赌，将所有的收入投入广告。四个月后，他的营业额超过了一百万元。此后，史玉柱包下了深圳大学两间学生公寓，准备了 20 箱方便面，熬过整整 5 个月的"集中营"生活，研发出了功能更强的升级版本 M6042 汉卡。1991 年 4月，史玉柱在珠海成立"珠海巨人新技术公司"，注册资金 200 万元，员工15 人，史玉柱解释说："IBM 是国际公认的蓝色巨人，我用'巨人'命名公司，就是要做中国的 IBM，东方的巨人。"

后来，史玉柱在商业的道路上一路高歌猛进，可最终还是因为不断地从保健品中"抽血"反哺巨人大厦，史玉柱面临资金链断裂。1997 年 1 月，媒体"地毯式"的轰炸将巨人财务危机放大后公之于众，号称"请人民做证"的史玉柱有口莫辩，也无人愿意为他做证，史玉柱就此成为"中国最著名的失败者"。

巨人大厦失败了，史玉柱又想到了童年早起爬山的经历，这一次，他更加豪情万丈，带着三名下属攀登珠穆朗玛峰，下山的时候，他们在冰川迷路，氧气吸完，体力耗尽，他差一点儿死在途中。这一次生命的升华，让史玉柱在仅仅三年之后，以"黄金搭档"重回巅峰。

在 2007 年的"胡润百富榜"中，史玉柱以 280 亿元位列第十五，成为中国 IT 界首屈一指的富豪。

2013 年，南征北战的史玉柱终于发微博"彻底退休"了，带着一系列光环，功成隐退。

每个人的命运都是掌握在自己手中的，命运的走向与性格攸关重大。早起能带给你拥有一切的先决条件，何不试着去做一个晨型人呢？

华罗庚：早起求知

芝加哥科学技术博物馆列出了八十八位古今数学名人，华罗庚位在其列。他曾说："科学没有平坦的大道，真理长河中有无数礁石险滩，只有不畏攀登的采药者，只有不怕巨浪的弄潮儿，才能登上高峰采得仙草，深入水底觅得骊珠。"身残志坚的他正是这样一个人，攀登途中，青灯苦烛伴随了他一天又一天，朝阳也是他知心的朋友。

1910 年，华罗庚出生于江苏省金坛县，家境贫寒并不能阻止他学习的热情，相反地，他比别人更加刻苦。华罗庚与数学结缘是在上中学的时候，当时老师给全班同学出了一道著名的难题，华罗庚经过思索，很快说出了答案，老师对此十分惊异，他教过的同学中还没有算得这么快的。华罗庚得到了老师的赞扬，十分开心，从此便爱上了数学。

其实在此之前，许多老师都被他的外表所迷惑，认为华罗庚"平庸""低能"，他们心里这么想也就罢了，常常言语之间都刺激华罗庚。华罗庚暗暗发誓，一定要用优异的成绩证明自己，粉碎这种偏见。他全身心地钻入了数学的天地中，如同着了魔。即使没有人赞扬他，他还是攻克了一道道难题，并从中享受到了无穷的快乐。

命运总是喜欢捉弄人，也正是因为这些捉弄的伎俩，才让伟人显得更加强大。十九岁那年，华罗庚染上了极其可怕的伤寒病，那场大病毁掉了华罗庚此前大部分的人生理想，疾病半年之后，华罗庚左腿成了伤残。走路的时候，华罗庚左腿要先画一个大圆圈，右腿上再迈上一小步，好在数学治愈了他的伤痛，他幽默地戏称这是"圆与切线运动"。

由于家境贫寒，初中还没有毕业的他就辍学了，那时候，他十分地失落，陪伴他的只剩下一本《大代数》、一本《解析几何》，以及从老师那里借来摘抄的五十页微积分笔记。

在逆境中，他顽强地与命运抗争，他告诉自己，要用健全的头脑，代替不健全的双腿。为了抽出时间学习，华罗庚常常比商贩起得都早。隔壁邻居早起磨豆腐的时候，华罗庚已经点着油灯在看书了。夏天天热的晚上，大部分人选择在外面纳凉，而为了多看几页书，华罗庚忍受着蚊蝇的叮咬，伏案苦读。到了冬天，他依旧早起。天寒地冻的早晨，星星还没消失，华罗庚就已经坐在桌前，耐心地读书了。即使有什么节日，全家人要去串门，华罗庚都婉言拒绝了。由此，人们给华罗庚起了个外号"罗呆子"。

没有人理解华罗庚为什么如此执着，但是这又能怎样呢？阻力越大，反阻力也越大，困难越多，克服困难的决心就越强。华罗庚养成了早起、善于利用零碎时间、善于心算的习惯。终于，一次给杂志的投稿，让华罗庚的生命得到了升华。虽然他的投稿被退回了，原因是外国某个专家早已证明过了，但这也足以让他兴奋，因为他根本没有看过别人的书，这完全是自己得出的结论。

从此，华罗庚起得比原来更早了，有时候也去跑跑步，让自己清醒，然后便继续一头钻入数学的天堂。1930 年，华罗庚因为他发表的一篇名叫《苏家驹之代数的五次方程式解法不能成立之理由》的论文名扬国内，清华大学数学系主任熊庆来对他惊叹不已，邀请他来清华执教，这时候，华罗庚只有二十一岁，终于摆脱了杂货店的"暗室"，人生走上了正轨。

从初中毕业生到大学教师，华罗庚只用了六年半的时间，这与天赋有关，更与勤奋分不开关系。他后来对友人说："人家受的教育比我多，我必须用加倍的时间以补救我的缺失，所以人家每天 8 小时的工作，我要工作 12 小时以上才觉得安心。"华罗庚在清华大学的四年中，在数论方面发表了十几篇论文，自修了英、法、德语。二十五岁时他已成为蜚声国际的青年学者，华罗庚迅速由助理提升为助教、教员，以后又被中华文化教育基金会聘为研究员。

华罗庚从不迷信天才，认为："天才在于积累，聪明在于勤奋。"他提出

"树老易空，人老易松，科学之道，戒之以空，戒之以松，我愿一辈子从实而终"的名言，作为对自己的告诫。直到他逝世前不久，还这样写道："埋头苦干是第一，发白才知智叟呆，勤能补拙是良训，一分辛苦一分才。"

华罗庚倾其一生，为后人留下两百余篇学术论文、十部专著，其中八部为国外翻译出版，被列入数学经典著作之列，他还写过十余部科普作品，名字载入了国际著名科学家的史册，他是中华民族的骄傲。

能取得大成就的伟人尚且不敢浪费一分一秒，我们还有什么借口呢？比之华罗庚，我们的生活环境好太多了，不需要早起到比磨豆腐店家都早的程度，只要端正态度，比平时早上一两个小时，你的人生就会不一样。

王石：能给自己找不适的晨型人更容易成功

刚开始坚持早起的时候，你会感到很痛苦，但这正和世界上大部分的事情一样，没有一件是简单的。想要有所成就，你就要忍受莫大的痛苦，付出常人难以付出的努力。更有时候，你会遍体鳞伤。王石曾对记者说，这个世界上只有两种人，善于给自己找不适的强者和总给自己找舒适的弱者，要想成功，就要掌握给自己找不适的技能。

王石每天都会早起锻炼身体，但是刚开始这样做的时候，他也有很不适的感觉，甚至对锻炼身体的厌恶已经严重到了深恶痛绝的程度。很早起床是一个问题，坚持锻炼是另一个问题。为了克服困难，他用纸记录下自己的锻炼进程，每当完成十五个引体向上，他就会在纸上锻炼计划表引体向上一栏写上十五。很快，一张纸就被他记得满满当当了，每个月他都不得不更换纸张，并且总结上个月的情况。不经意间，几个月时间，他竟然已经做了一千个引体向上。

他由衷地感慨道："以前我总觉得人应该让自己活得舒服一点儿，但是后来我才知道，过于舒服不是什么好事，给自己加点儿不适感，会让生活变得多姿多彩。如果你学会了给自己找不适，例如克服拖延症、健身、学习新语言等有意思的事情，相信你都可以搞得定。"

给自己找不适就像炒菜做饭一样，是可以练成的。我们可以将找不适练成自己的生活习惯，甚至一天不找都感觉浑身难受，虽然这样显得有点儿自虐的倾向，但这确实会让你感到离不开它，觉得这点儿小痛苦其实是平淡无奇生活的一种调味料。有一天你会发现，原来让你感到不适的事情，会变成舒适的事情，这时候你比之原来就已经进步了。

　　坚持早起做一个晨型人，这会让你感觉十分不适，仅仅是有心理准备还不够，更需要有正确的方法。王石面对这种不适的情景有自己的方法，他会把所面对的大问题分成无数个小问题来解决，例如健身。

　　当他决定要做一万个引体向上的时候，这无疑是一个大目标。他把做一万个引体向上分解成了一千个独立的事件，这样，每天只需要做十个。他建议年轻人，先去测试一下自己尽全力最大的容忍程度，比如他一次可以做三十个，然后从这三十个减去 20%，从这个值开始每天坚持，虽然会让你感觉不适，但不至于崩溃。

　　早起习惯的养成，也可以如法炮制。如果你是一个吃货，不妨采用食物诱惑的方法，睡觉前准备好制作一顿丰盛早餐的食材，这样你就会很期待第二天的早晨快点儿到来，当对早起的厌恶转变为对美好事物的追求时，你甚至都不会感到痛苦。甚至为了养成早起的习惯，你也可以在早晨做一些"离经叛道"的事，比如一大早起来玩两个小时游戏，难道这还不足以吸引你早起吗？如果你平时八点起床，我想你甚至愿意将起床的闹铃调到五点，刷牙洗脸后，捧着热牛奶，静静地听着计算机启动的声音。

　　强迫自己做不喜欢的事情很不明智，你可以把它当作一种挑战的乐趣，随着能力的增强，你可以逐渐地增加分量，长久坚持下去，你不但可以完成目标，也会从中获益。

　　当你使用这种方法成为一个晨型人的时候，再把"给自己找不适"和早起结合起来，会为你解决很多不良习惯。

　　例如拖延症，我们会拖延时间，主要原因在于我们所做的事情令自己感到不适。所以，你的身体、你的大脑会自觉地对其产生厌恶感，于是各种各样的借口都出来了，除了这件事以外的任何东西都足以诱惑你。如果早晨起来的你，拥有了给自己找不适的技能，那么就可以很好地去解决困难。把这件事情给你带来的痛苦分成 1000 份，变成可以忍受的程度，那么事情就变得容易了。像王石做引体向上的例子，你可以制定一个表格。每次想要拖延的想法出现的时候，就立马着手去做这件事，以免陷入拖延陷阱。如果你成功了，就在表格上加 1，当你加到 1000 的时候，恭喜你，你的拖延症已经治愈了。

阅读障碍者也可以在享受清晨的时候被治愈。阅读障碍者会把读书看成一件很痛苦的事情。每次身不由己地看东西的时候，大脑就会强烈地暗示自己，我很累、我很烦。要解决这个问题，同样，你也可以建立一个表格。每当自己成功读完一个章节，就在表格上加 1，当你加到 1000 的时候，你阅读的习惯也就养成了。你成功地把阅读转变成了完成挑战，或许仍然在阅读的你还是很痛苦，可是求胜欲望强的你，也会在完成挑战的时候找到快乐，找到成就感。当早起与阅读结合起来时，只要坚持不出一年，你的思想和人生都会进入新的轨道。

也有很多人，阅读不是障碍，甚至阅读时候都能找到快乐，但是要让他写作，他就会感到很痛苦，常常绞尽脑汁地在纸上也落不下只言片语。读书再多，那也是别人的东西，如果不能自己创造文字，读书的好处就降低了一个档次。

写作是一个整理自己思想的好办法，尤其是在早晨这段美好的时光，将平时阅读中的论点整理出来，加以思考，不管是你的逻辑能力，还是思想深度，都会有很大的改观。如果给自己找不适的方法，你也可以养成这个习惯。同样，建立一个表格，每次完成一篇文章，就在上面加 1，当完成 1000 篇的时候，恭喜你，你已经不单单是养成了写作的习惯，更成了一个有思想深度的人。

合理地转移注意力，将早起和为自己找不适结合起来，每天你就会比别人多出两个多小时的高效时间，一年下来，你就比别人多出了一个多月的学习提升时间，未来的美好人生可期啊。

包玉刚：天天晨起跳绳两百下

邓小平对包玉刚的评价是："先生热心祖国建设，为实现一国两制身体力行，功在国家。"他在商坛和政坛同时叱咤风云。英国前首相撒切尔夫人称赞他具有非凡的才能，是她见过的非常卓越的企业家。在他的盛名背后，是一部白手起家的创业史，他的成功历程，堪称一部波澜壮阔的史诗，足以让每一个中国人自豪骄傲、热血沸腾。他就是被称为第一位华人首富的世界船王——包玉刚。

著名实业家、拥有"世界船王"美誉的商人包玉刚曾有一个健身爱好——跳绳。他每天早晨七点左右起床后，第一个活动就是跳绳，而且一定要达到200下才罢手，坚持了很多年。对这条不起眼的绳子，包玉刚视之为健身利器，无论到什么地方都随身携带着。一次，包玉刚到国外访问。午间休息的时候，他换上运动装，来到一个安静的地方掏出跳绳，旁若无人地跳起来。远处的外国人看见这位仪表堂堂的"世界船王"像小孩子一样跳绳，全都忍俊不禁。但是包玉刚不在乎，一直跳到身体发热、微微出汗为止。

包玉刚是上海商人包兆龙的次子，1918年出生于浙江省宁波市。由于战乱，他曾辗转于衡阳、重庆、上海等地，先后就职于中央信托局、重庆矿业银行、上海银行。正是这一段金融工作经历，为他以后的发展积累了丰富的经验和宝贵的知识。

1955年，已经37岁并有四个孩子的包玉刚，不顾家属亲友的劝阻，毅然由金融业转营航运业。他认为地产业的投资是保守的，只能靠收租。航运业是"活"的，是一种世界性的业务，资产可以移动。而且航运的业务范围涉及财物、科技、保险、贸易等，几乎无所不包。后来，包玉刚以七十七万美元买下一艘旧船，更名为"金安号"，成立了"环球航运集团有限公司"。从此，他便开始了航运业的经营生涯。

包玉刚并非航运世家出身，且又是中年转营航运，曾被同业讥笑为"不懂航运的旱鸭子"。但包玉刚执着追求，而且一反海派经营的规范，用银行家的稳健作风经营着极富冒险性的航运业，反而达到了出奇制胜的效果，获得了前所未有的巨大成功。同时，他还以稳健的经营作风，取得了银行的最大信任与合作，从而为其航运业的起飞增添了双翼。包玉刚在航运业的成功实属罕见，他的经营之道也确实不同凡响。

与汇丰银行形成完美的合作

1937 年 7 月，全国抗战爆发，包玉刚被迫中断了他的大学学业，来到了衡阳。当学业无继，生活无着，迷茫不知所措的时候，他幸运地找到了一份银行职员的工作。时隔不久，日本侵略军的铁蹄又践踏到衡阳。他只好随着逃难的人群逃往山城重庆，一路上吃尽了颠沛流离之苦。在重庆期间，他继续从事银行职员工作。由于他热情聪慧、积极肯干，并且精力过人，很快便赢得了上级的赞赏，被提升为工矿银行的副经理。抗战结束后，他返回上海，被任命为上海银行副行长。此时的他，已积累了非常丰富的银行业务知识，并从银行与企业之间的关系中获得了从事贸易的许多启示。

1949 年，包玉刚携家迁往香港，开始从事贸易业。从这时起，一个依靠银行发展自己的企业王国的宏伟目标，已开始在他的心底孕育。20 世纪 50 年代中期，包玉刚开始经营航运业。他独到稳健的经营作风开始引人注目，尤其深受香港银行家们的赏识。香港汇丰银行的资产超过五十亿美元，香港的大部分钞票是它发行的，大部分贸易也是由它支持的。总之，汇丰银行操纵香港金融和贸易的方式，是任何地方的银行都少有的。香港银行业对买船生意没什么兴趣，认为风险大。银行业和中国船东的少数生意往来，主要是由英国公司充当中间人进行的。在一次进出口贸易洽谈中，包玉刚结识了汇丰银行的高级职员桑达士。桑达士身材高大,仪表堂堂。他们之间的友好合作,一直持续到 1971 年桑达士退休。1959 年,包玉刚深感本家族的财力难以支付自己扩大经营所需的资金,便直接去找桑达士。包玉刚首次与桑达士协议,取得了成功。汇丰银行同意以一艘船作为抵押,给包玉刚发放一部分贷款。稍后,一笔更大的商务奠定了他和汇丰银行的长久合作关系:包玉刚决定以一百万美元买下一艘船,并把它租给一家日本航运公司,期限是五年。包玉刚为此找桑达士商议贷款事宜。他对桑达士说,他将用对方银行七十五万美元的信用状向汇丰作抵押,汇丰不会有任何风险。桑达士起初小瞧了包玉刚,认为包玉刚不可能得到七十五万美元的信用状。于是便对包玉刚说:"只要包先生能迅速拿来信用状,就可以贷款。"事后,桑达士碰见包玉刚的一位同事,当谈到包玉刚贷款一事时,桑达士有些不以为然地对那人说:"你们的包先生是不是疯了?"包玉刚与桑达士谈判后立刻动身去了日本,很快带回了日方银行七十五万美元的信用状。香港一些银行家都很惊诧,想不到日方银行竟会无端地支持一个陌生人!

此后,汇丰银行便更加信任包玉刚,支持包玉刚。1962 年,桑达士升任汇丰银行首脑后,汇丰与包玉刚的合作关系就更为密切。不到两年,包氏成立的新公司在汇丰所占股份已达三分之一,后又增至五分之二。1970 年,汇丰和包玉刚合资成立"环球船运投资有限公司",汇丰所占股份为 45%。一年后,包玉刚当上了汇丰银行董事,成为这家英资银行董事的第一位东方人。桑达士退休后,汇丰对包玉刚的投资并没有中断。随着包玉刚经营业务的扩大,汇丰对包氏集团的投资,账面上已超过了五千万美元。由于包玉刚的财富与汇丰银行的利益交织在一起,因而使包氏集团在商界立于不败之地。香港几乎没有任何一家企业能像包氏集团这样与银行的关系达到如此密切的地步。

用银行家的风格经营海运业

包玉刚最喜爱的活动是晨泳。每日早晨七点,在香港那个美丽幽静的深水湾准能看见他的身影。无论夏热冬凉,即便是下雨天,他也不会改变晨泳的习惯。他游泳时总是一种姿势——蛙式。他不断地把头伸出水面，动作极慢而又有规律，而且毫不松懈，一直向前。人们说，他的经营作风和他的晨泳有异曲同工之妙。海运的代名词其实就是风险，在风险中投资，在风险中赢利。船队在波浪滔天的大海上航行，有可能获得大笔财富，也有可能船翻人亡。因此，航运界历来以冒险自豪。世界知名的大船东，无一不在海运经营中敢于冒险，追求暴利，并对船队采取帝国君主式的统治。包玉刚以他银行家的慧眼看到惊涛骇浪的风险经营中，还有一条不被人们重视的发展道路，那就是稳妥求利、薄利长租。

1955 年，包玉刚三一七岁。他前往英国以七十七万美元买下一艘名为"英谊纳"的旧货船，易名为"金安号"。包玉刚由此而创立"环球航运集团有限公司"，开始涉足航运界。此时的航运业，恰逢世界经济复苏而处于大发展之时，他面临着两种选择，一是像其他航运经营者一样，抓住这一大好时机，以高额租金，攫取大量财富。二是放弃眼前的高额利润，实行低租金长租期，与租船一方长期合作。这种无风险的经营可以获得银行的长期低息贷款。具有丰富的金融知识和经营策略的包玉刚果断地选择了后者，并且一直是以后一种选择来经营他的船业王国。包玉刚的第一笔航运业务，是把他的船以低租金长期租给一家日本公司，从印度运煤到日本。他只需袖手旁观，坐收租金。当时航运界通行单程包租的办法，航运收费很高。凡实行此种包租法的租船业都能牟取到暴利。他却背道而驰，似乎对高额利润视而不见。1956 年，苏伊士运河被埃及收归国有，由此而造成航运费大增，许多船东趁机赚了一大笔钱。此时，"金安号"恰好与日商合同期满，包玉刚却不为暴利所动，仍旧与那家日本公司续签了租约。虽然租金有所提高，但利润较少，被人讥讽为"傻瓜"。然而，时隔不久，苏伊士运河国有化对航运业所造成的影响终于消除，航运价格立刻跌至历年的最低点，租船业纷纷陷入困境。正当航运界纷纷陷入困境时，包玉刚却稳收租金，得利不薄。至 1956 年年底，他已用赚来的钱买下了七艘船，至此，包氏的银行家风范才使航运界刮目相看。包玉刚以他精明的生意头脑，看到在日本造船最合算，无论船的价格、质量，还是交货日期，都是其他国家的船厂所不能比拟的。因此，包玉刚的船队有 90% 以上的船只是在日本订购的。无论船运业的市场情况如何变化，日本造船厂始终与包氏保持联系与合作。1970 年，航运市场看好，人们都争先恐后地跑到日本，力争在日本造船。日本厂家一时忙不过来，几乎不肯接受订购单，但对于包氏却例外，包氏始终有办法在日本造船。

1971 年，市场落入低谷，许多船只都在赋闲，船厂几乎停业，但包氏仍然向日本订购六艘船，总吨位为 15 万吨。许多人对他的这一做法都不理解。包玉刚的船有 85% 是租给日本使用的。因此，日本总是竭力给他提供一切方便，包括提供资金、订购船只等，并且尽可能租用"环球船运"名下的船只。包玉刚在东京与在香港的时间一样多。他在日本的办公室被称为"一号贵宾室"，里面有摆成长方形的舒适的长沙发，包氏和日本朋友经常在这里很有耐心地用英语洽谈着生意。

20 世纪 60 年代中期，中东石油产量猛增，需要大批油轮运输。一条油轮跑一趟中东可赚五百多万美元，包玉刚抓住这一有利时机，赶造了 10 万吨级的大型油轮，依然采取低租金长租期的经营方式。1973 年，中东爆发石油危机，油价猛涨，许多石油消费国都极力削减本国的石油需求量。由此而导致油轮需求锐减，许多船主进退维谷。然而，包氏的环球集团公司依然生机勃勃。因为他们的船都与租用者订有中期或长期合同，合同中有 60% 是空船契约，所有的保险、维修、燃料一概由租船的一方承担。

包玉刚用银行家的作风经营极富风险的航运业，终于获得了巨大的成功。他所拥有的船队总吨位是世界航运企业之冠，被誉为"世界船王"。

与政界、商界名人广交朋友

在超级富豪中，包玉刚是最平易近人的一个。他很善于同各方面的人士接触，而且不论新朋友或老朋友，都推心置腹、坦诚相待，使人感到和他接触如沐春风，一见如故。香港高耸入云的会德丰大厦的第 24 层，有包玉刚的办公室，凭窗眺望，可俯视到繁华美丽的维多利亚海湾。办公室的墙上挂着他与世界风云人物邓小平、里根、伊丽莎白等人合影的巨幅照片。这些巨幅照片显示着他举足轻重的社会地位。他同各国政界领袖都保持着非常密切友好的关系。英国女王封他为爵士，日本天皇、比利时国王、巴拿马和巴西的总统都先后授予他勋章或奖章。

包玉刚不仅和国际政坛人物过从甚密，而且善于和商界、银行界的人士周旋，甚至欧美不少银行家的夫人，都认为包玉刚是最有魅力的男士之一。据说他在一次宴会上有过这样一件事情：70年代中期，美国一个知名银行家举行大型家宴，包玉刚应邀参加。宴会很热烈，主客谈笑风生，频频举杯，欢乐和谐的气氛令人陶醉。席间，人们忽然发现包先生不见了，经过四处寻找，才发现他正在厨房里，一边帮女主人洗碗碟，一边随意地谈着家务琐事，那种自然与亲切的言谈举止如同家人。看到这一情景的人都感慨万千，都说像包先生这样既能在交际场合应付众多政界领袖，又能做到不冷落主人女眷，这种交际手腕实属罕见。这次宴会之后，包先生自然和那位知名银行家交往日深。在他们之间的多次业务合作之中，那位女主人所起的促进作用自不待言，而包先生的这次赴宴也被传为佳话。

在包玉刚交往的政界人物中，要数中国领导人最使他感到亲切。包先生说："我对家乡的感情非常深厚，无论走到哪里，我都不会忘记家乡的一山一水。"他多次飞往祖国大陆，每次都受到了国家领导人的亲切接见。

1978年11月，他偕夫人回到阔别已久的故乡——宁波。此次回来，他与邓小平等国家领导人见了面，并谈妥由他率先购买中国造的船舶，以推动中国船舶的出口。1989年，邓小平获悉他抵京时，又特别相邀畅谈，两人谈得十分融洽。中共中央总书记江泽民也会见了包玉刚先生，两人在交谈中笑声朗朗，纵论国事。人们称赞他是经济界高瞻远瞩的政治家。1984年，中英双方就香港的前途问题开始谈判，包玉刚四处奔走忙碌，积极予以协助。有人误解并指责他，包玉刚愤然加以驳斥："中国是我的祖国，我本人没有任何野心。"包玉刚被任命为香港基本法咨询委员会负责人。他经常忙忙碌碌地主持各种会议，事事都要亲自过问和积极办理，其认真热情的态度令人感动。

　　包玉刚先生常与中国、日本及其他各国的政界人物交往。在他所有的商务活动中，这种交往占有非常醒目的重要位置。他那交际手腕总是能获得成功，并在国际上闻名遐迩。

张学良：早起大笑养生

张学良是中国著名的爱国将领，奉系军阀首领张作霖的长子，他风流倜傥，被誉为民国四大美男子之一。他坚持"东北易帜"，为祖国统一和民族团结做出了贡献，为促成抗日民族统一战线，张学良发动了震惊中外的"西安事变"，后遭蒋介石父子长期软禁，直到蒋经国去世，1990 年才恢复人身自由，2001 年 10 月 14 日病逝于檀香山，享年 101 岁。

张学良的一生充满了传奇色彩，不管是军阀混战时期，还是遭软禁时期，他都能保持坦然的处世心态，每天早起养生的方法也被后人推崇备至。

即便是一生的颠沛流离，张学良都没有抑郁，在漫长曲折的幽禁之路上，命运沧桑的他看破了红尘，把"被软禁"当成了修身养性的人生大课堂。这是他能高寿 101 岁的秘诀。

每天清晨六点，张学良准时起床登山，去一览众山小。在长期的登山运动中，他逐渐摸索出了一套养生方法——大笑养生法。他说，保持快乐会让人长寿，所以每天早晨起床的第一件事，就是大笑。但笑只是表象，他的背后应该拥有豁达的心态。要快乐，就要把心胸放宽，不想烦恼的事情。放松心态，放松身体，让压抑、紧张的情感一扫而空。

他还总结出了一套流程。

首先，要早起，这是一切的前提，早起会让你保持乐观向上的态度。

其次，练习前喝杯温水滋润口腔和喉咙。而后进行吐纳，吐出全身浊气之后，再大口吸入新鲜空气，同时要让身体松弛放松下来。

到了大笑环节的时候，先稍微提肛，然后对着群山发出笑声、吼声，将体内的气全部吐出去，这不失气概的做法也只有经历过沧桑的人才能领悟。大笑三次之后，放松身体，让一切都恢复平静，随后再次吸气、提肛，如法炮制，大笑五次。笑声要起于丹田，直到没有力气为止。你会感觉到所有的烦恼都被"笑"了出去。

然后放松片刻，自然呼吸几分钟，再大笑三次，你要想象着从脚底开始，经过关节、双腿、臀部、双手、胸口、头顶，浑身的每一块肌肉、每一条神经都在笑。这样坚持下去，对身体的好处多多。

跌宕起伏的人生需要有支撑你坚持下去的信仰，我们活在幸福当中，也应该用乐观向上的态度笑对人生。早点起床，试试大笑养生法，健康长寿地去体验人生吧！